SITZUNGSBERICHTE DER SÄCHSISCHEN AKADEMIE
DER WISSENSCHAFTEN ZU LEIPZIG
Mathematisch-naturwissenschaftliche Klasse
Band 119 · Heft 3

HANS-HEINZ EMONS
HANS-HENNING WALTER

HISTORISCHE ENTWICKLUNG UND ZUKÜNFTIGE TENDENZEN DER SIEDESALZ-PRODUKTION UNTER BESONDERER BERÜCKSICHTIGUNG DER EHEMALIGEN SALINEN IM SÄCHSISCH-THÜRINGISCHEN RAUM

AKADEMIE-VERLAG BERLIN
1986

SITZUNGSBERICHTE DER SÄCHSISCHEN AKADEMIE DER WISSENSCHAFTEN ZU LEIPZIG

MATHEMATISCH-NATURWISSENSCHAFTLICHE KLASSE

Band 111

Heft 1 Prof. Dr. WILHELM MAIER, Vom Erbe Bernhard Riemanns 1975. 16 Seiten – 8° – M 2,50

Heft 2 Prof. Dr. med. HANS DRISCHEL, Organismus und geophysikalische Umwelt 1975. 50 Seiten – 25 Abbildungen – 1 Tabelle – 8° – M 7,–

Heft 3 Prof. Dr. MARIA HASSE, Zum Begriff des allgemeinen Produkts von Kategorien 1975. 32 Seiten – 8° – M 5,–

Heft 4 Prof. Dr.-Ing. h. c. KURT SCHWABE, Analytische Probleme des Umweltschutzes 1975. 28 Seiten – 9 Abbildungen – 2 Tabellen – 8° – M 3,50

Heft 5 Prof. Dr. WOLFGANG BUCHHEIM, Die kopernikanische Wende und die Gravitation 1975. 36 Seiten – 2 Farbtafeln – 8° – M 5,–

Heft 6 Prof. Dr. HERMANN BERG, Photopolarigraphie und Photodynamic 1975. 19 Seiten – 2 Abbildungen – 2 Tabellen – 8° – M 3,–

Heft 7 Prof. Dr. MANFRED GERSCH, Probleme der Insektizide aus heutiger Sicht 1976. 36 Seiten – 9 Abbildungen – 2 Tabellen – 8° – M 4,–

Band 112

Heft 1 Prof. Dr. WALTER BREDNOW, Spiegel, Doppelspiegel und Spiegelungen – eine „wunderliche Symbolik" Goethes 1975. 28 Seiten – 4 Abbildungen – 8° – M 3,–

Heft 2 Prof. Dr. ARTUR LÖSCHE, Über negative absolute Temperaturen. Eine Einführung 1976. 26 Seiten – 12 Abbildungen – 8° – M 4,–

Heft 3 Prof. Dr. med. HERBERT JORDAN, Kurorttherapie: Prinzip und Probleme 1976. 31 Seiten – 10 Abbildungen – 1 Tabelle – 8° – M 4,50

Heft 4 Prof. Dr. FRIEDRICH WOLF / Dr. PETER FRÖHLICH, Zur Druckabhängigkeit von Ionenaustauschreaktionen 1977. 13 Seiten – 6 Abbildungen – 1 Tabelle – 8° – M 2,–

Heft 5 Prof. Dr. DIETRICH UHLMANN, Möglichkeiten und Grenzen einer Regenerierung geschädigter Ökosysteme 1977. 50 Seiten – 20 Abbildungen – 2 Tabellen – 8° – M 6,50

Heft 6 Prof. Dr. ERICH RAMMLER, Zwei Jahrzehnte Entwicklung des Einsatzes der Energieträger Kohle und Erdöl im Weltmaßstab 1977. 29 Seiten – 6 Abbildungen – 4 Tabellen – 8° – M 4,–

Heft 7 Prof. Dr. ULRICH FREIMUTH, Umweltprobleme in der Ernährung 1977. 32 Seiten – 3 Abbildungen – 4 Tabellen – 8° – M 4,–

Band 113

Heft 1 Prof. Dr. ERICH LANGE, Allgemeingültige Veranschaulichung des II. Hauptsatzes 1978. 22 Seiten – 10 grafische Darstellungen – 8° – M 4,–

Heft 2 Prof. Dr. HERBERT BECKERT, Bemerkungen zur Theorie der Stabilität 1977. 19 Seiten – 8° – M 2,50

Heft 3 Prof. Dr. sc. KLAUS DÖRTER, Probleme und Erfahrungen bei der Entwicklung einer intensiven landwirtschaftlichen Produktion im Landschaftsschutzgebiet des Harzes 1978. 20 Seiten – 6 Abbildungen, davon 4 farbige auf 2 Tafeln – 2 Tabellen – 8° – M 7,–

Heft 4 Prof. Dr. sc. med. HANS DRISCHEL, Elektromagnetische Felder und Lebewesen 1978. 31 Seiten – 14 Abbildungen – 2 Tabellen – 8° – M 5,–

Heft 5 Prof. Dr. MANFRED GERSCH, Wachstum und Wachstumsregulatoren der Krebse. Biologische Erkenntnisse und generelle Erwägungen 1979. 32 Seiten – 13 Abbildungen – 1 Tabelle – 8° – M 6,–

Heft 6 Prof. Dr. rer. nat. FRIEDRICH WOLF / Dr. rer. nat. URSULA KOCH, Über den Einfluß der chemischen Struktur von Dispersionsfarbstoffen auf deren Dispersionsstabilität 1979. 18 Seiten – 3 Abbildungen – 10 Tabellen – 8° – M 3,50

Heft 7 Prof. Dr. rer. nat. FRIEDRICH WOLF / Dr. rer. nat. WOLFGANG HEYER, Zur Sorption an Tetracalciumaluminathydroxysalzen 1980. 12 Seiten – 5 Abbildungen – 4 Tabellen – 8° – M 2,–

SITZUNGSBERICHTE DER SÄCHSISCHEN AKADEMIE
DER WISSENSCHAFTEN ZU LEIPZIG

Mathematisch-naturwissenschaftliche Klasse
Band 119 Heft 3

HANS-HEINZ EMONS
HANS-HENNING WALTER

HISTORISCHE ENTWICKLUNG UND ZUKÜNFTIGE TENDENZEN DER SIEDESALZ-PRODUKTION UNTER BESONDERER BERÜCKSICHTIGUNG DER EHEMALIGEN SALINEN IM SÄCHSISCH-THÜRINGISCHEN RAUM

Mit 19 Abbildungen und 4 Tabellen

AKADEMIE-VERLAG BERLIN
1986

Vorgelegt in der Sitzung am 11. Januar 1985
Manuskript eingereicht am 1. Juni 1985
Druckfertig erklärt am 24. März 1986

ISBN 3-05-500098-6
ISSN 0371-327 X

Erschienen im Akademie-Verlag Berlin, DDR-1086 Berlin, Leipziger Straße 3—4

Lizenznummer: 202 · 100/518/86
Printed in the German Democratic Republic
Gesamtherstellung: VEB Druckhaus „Maxim Gorki“, 7400 Altenburg
LSV 1255
Bestellnummer: 763 616 1 (2027/119/3)

00600

INHALT

1. Einleitung

Wenn wir heute unseren Speisen Kochsalz (NaCl) zusetzen — oft zuviel — so denken wir kaum daran, daß wir damit nicht nur den Geschmack verändern, sondern in erster Linie dem Körper eine Substanz zuführen, die bei vorwiegend pflanzlicher Kost für den normalen Ablauf der physiologischen Vorgänge unbedingt erforderlich ist (DENTON, 1982).

Entscheidend für die Notwendigkeit einer zusätzlichen Kochsalzaufnahme ist das Verhältnis von Natrium- und Kaliumionen in den Nahrungsmitteln. Physiologische Untersuchungen haben gezeigt, daß der Körper der Säugetiere bei hohem Kalium- und relativ geringem Natriumangebot mehr Natrium ausscheidet, als er aufnimmt. Wie Tab. 1 zeigt, ist das Na^+/K^+-Verhältnis bei

Tabelle 1
Gehalt einiger Nahrungsmittel an Natrium und Kalium

Nahrungsmittel	Gehalt in mg pro 100 g		Verhältnis von Na^+ zu K^+
	Na^+	K^+	
Fleisch (mager)	80	400	0,2
Kalbsleber	80	200	0,4
Hühnerfleisch	100	460	0,2
Hühnereier	150	150	1,0
Schellfisch	100	320	0,3
Ziegenmilch	80	140	0,6
Kuhmilch	90	150	0,6
Haferflocken	60	330	0,2
Kartoffeln	20	530	0,04
Kohlrabi	50	320	0,16
Weißkohl	30	460	0,07
Weiße Bohnen	25	1000	0,03
Pflaumen	10	250	0,04
Apfelsinen	4	450	0,02
Haselnüsse	20	600	0,03
Johannisbeeren (rot)	1	100	0,01

pflanzlichen Nahrungsmitteln bedeutend geringer als bei tierischen Produkten. Damit dem Körper genügend Natriumionen zur Verfügung stehen, muß er diese zusätzlich aufnehmen — eben in Form von Kochsalz. Deshalb ist Natriumchlorid seit Jahrtausenden ein notwendiger Bestandteil der menschlichen Nahrung.

Mit der Herausbildung der chemischen Großindustrie wurde NaCl im vergangenen Jahrhundert darüber hinaus zu einem der wichtigsten Ausgangsstoffe für die anorganische stoffwandelnde Industrie (Emons und Walter, 1986).

Rohstoffquellen für die Produktion von Natriumchlorid sind das Meerwasser, bergmännisch abgebaute oder über Bohrlöcher ausgesolte Steinsalzlagerstätten sowie natürliche Quellsolen, die in Mitteleuropa an relativ vielen Stellen zutage treten. Die Sonneneindunstung des Meerwassers liefert bereits seit Jahrtausenden in Ländern mit geeignetem Klima die Hauptmenge des benötigten Salzes. Heute werden jährlich etwa 60 Millionen t Salz, das entspricht einem Drittel der Weltproduktion, aus dem Meer gewonnen. Jedoch läßt sich das Seesalz in gemäßigten Klimazonen nicht mehr mit vertretbarem Aufwand gewinnen. Seit dem frühen Mittelalter wurde der größte Teil des in Mitteleuropa produzierten Salzes durch Eindampfen natürlicher Quellsolen in offenen Siedegefäßen erzeugt. Auf deutschem Gebiet wurde bis 1824, der Eröffnung des ersten Steinsalzbergwerkes im Königreich Württemberg, alles Salz nach dieser Methode gewonnen. Die Produktionshöhe bei Siedesalz lag vom 16. Jahrhundert bis etwa 1750 bei rund 100000 t/a und stieg bis 1900 auf 500000 t/a an. Die Siedesalzproduktion entwickelte sich somit schon im Mittelalter zu einem bedeutenden Wirtschaftsfaktor in Deutschland. Die Solequellen gehörten zu den Bodenschätzen, über die die Könige und im Laufe der Zeit die Landesherren der Territorialstaaten Regalrechte ausübten. Die Nutzung der Solequellen wurde, wenn sie nicht unmittelbar in der Hand der Fürsten verblieb, zu Lehen vergeben und oft von den Belehnten weiter verkauft, verschenkt oder verpachtet. Es entwickelten sich vielfältige und verzweigte Besitzverhältnisse, über die zahlreiche Urkunden und für viele Salinen ausführliche Schriften vorliegen.

Über die Entwicklung der Technologie der Siedesalzproduktion existierten dagegen bisher kaum Untersuchungen. Wir konnten in den letzten Jahren durch Auswertung der Geschichte von über 100 Salinen, die jemals im „Heiligen Römischen Reich Deutscher Nation" bestanden, die Grundzüge der Entwicklung der Siedesalztechnologie herausarbeiten und verallgemeinern (Walter, 1985). Im folgenden soll die historische Entwicklung dieses „chemisch-technischen Verfahrens" im Mittelpunkt stehen, die Darstellung der Grundzüge soll verknüpft werden mit der Geschichte der ehemaligen Salinen im sächsisch-thüringischen Raum.

Das Verfahren der Eindampfung von Quellsole in offenen Siedegefäßen hat die Erzeugung eines möglichst reinen und trockenen Kochsalzes zum Ziel. Die anzuwendenden Verfahrensstufen müssen einerseits die verschiedenen in der Sole gelösten oder suspendierten Fremdstoffe entfernen und andererseits das Lösungsmittel Wasser abtrennen.

Historischer Ausgangspunkt sind Methoden der vollständigen Eindampfung von Salzlösungen in Tontiegeln über einem offenen Feuer. Bei diesem Verfahren, das in Mitteleuropa im Neolithikum, vor allem aber in der Bronze- und Eisenzeit (2000 bis Beginn u. Z.) angewendet wurde und das noch heute bei einigen auf der Stufe der Urgesellschaft lebenden Volksgruppen in Gebrauch ist, erfolgt nur die Abtrennung des Lösungsmittels Wasser. Die Fremdbestandteile gehen quantitativ in den „Salzkuchen" über. Die in großen Mengen anfallenden Reste der Tongeräte werden als „Briquetage" bezeichnet und sind archäologischen Untersuchungen noch heute zugänglich.

Abbildung 1 zeigt die Rekonstruktion einer eisenzeitlichen Salzsiedeanlage im Kreisheimatmuseum Bad Frankenhausen nach Ausgrabungen im Jahre 1961 im Neubaugebiet der Stadt.

Abb. 1. Rekonstruktion einer eisenzeitlichen Salzsiedeanlage am Kyffhäuser (Kreisheimatmuseum Bad Frankenhausen)

Dem französischen Archäologen P.-L. GOULETQUER (Universität Brest) gelang es 1973, den Siedeprozeß bei den Salzsiedern des Mangalandes, einem Gebiet an der Grenze zwischen Niger und Nigeria in Zentralafrika, zu beobachten. Dabei verwendeten die Sieder die gleichen Gerätschaften, die in Europa an vielen vorgeschichtlichen Salzgewinnungsplätzen ausgegraben worden waren.

Die Salzgewinnung verlief in folgender Weise: Nachdem die Siedegefäße durch ein kräftiges Feuer zwischen den Zylindersäulen genügend erhitzt waren, wurden in jeden der 500 ml fassenden Tontiegel eine Mischung aus Salzlösung und Kuhmist eingefüllt, die sofort verdampfte und die Poren der porösen Tonschalen verschloß. Jetzt erst begann das eigentliche Salzsieden. In jeden Tiegel wurde immer wieder eine kleine Menge Sole eingefüllt, die schnell verdampfte und festes Salz zurückließ. Diese Arbeit setzten die Sieder so lange fort, bis schließlich ein Salzkuchen das Innere des Tontiegels völlig ausfüllte. Nach einem Tag und einer Nacht Siedebetrieb wurde der „Ofen“ mit Axtschlägen zerstört und die fertigen Salzstücke von bereits wartenden Händlern in Empfang genommen (GOULETQUER und KLEINMANN, 1978).

Ähnlich dürfen wir uns auch die Arbeitsweise der eisenzeitlichen Salzsieder am Kyffhäuser vorstellen. Bisher lassen sich hier zwei größere Salzsieder-Siedlungen nachweisen. Sie befanden sich in der Nähe der Teichmühle bei Frankenhausen und nördlich der vom Rathsfeld nach Steinthaleben führenden Straße. Einzelfunde, die auf einen Siedebetrieb hinweisen, kamen auf dem Tischblatt in Frankenhausen, südöstlich des Upborns sowie in der Eschenecke zutage (PFLAUMBAUM, 1980). Außerdem existierten früheisenzeitliche Siedestätten am Nordkyffhäuser an den Solequellen bei Auleben.

Das Verfahrensschema der eisen- und bronzezeitlichen Salzproduktion zeigt Abb. 2.

Wesentliche Beiträge zur Erforschung der Briquetage-Technik verdanken wir meinem hochverehrten Hausarzt *Dr. Karl Riehm* aus Halle/Saale (1891

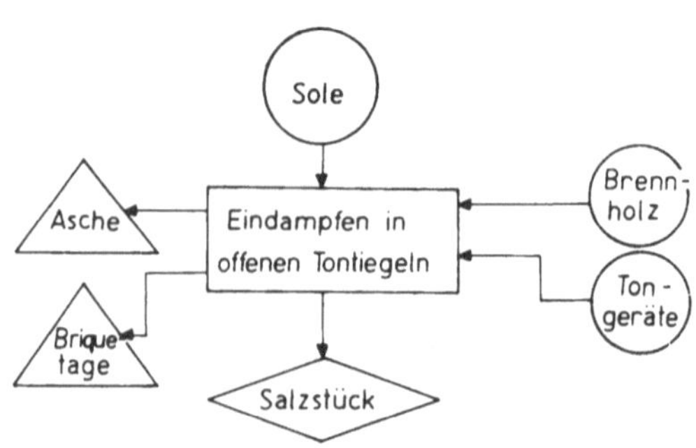

Abb. 2. Verfahrensschema der Salzgewinnung mit der Briquetage-Technik

bis 1983), der dafür mit der Leibniz-Medaille der AdW der DDR ausgezeichnet worden ist.

In den ersten Jahrhunderten nach Beginn unserer Zeitrechnung kam in Mitteleuropa die Salzgewinnung aus Quellsolen mit Hilfe keramischer Gerätschaften fast völlig zum Erliegen (RIEHM, 1960). Erst seit dem 8. Jahrhundert werden schriftliche Hinweise auf die Siedesalzgewinnung zahlreicher, wobei allerdings Angaben über die Technik der Salzgewinnung sehr spärlich sind. Es wird jedoch deutlich, daß sich bis zur Jahrtausendwende in allen Salzgewinnungsorten eine neue Methode durchsetzte. Die Sole wurde nicht mehr in kleinen Tontiegeln, sondern in größeren Pfannen aus Metall eingedampft. Wie im einzelnen dieser Übergang von tönernen Siedegefäßen zu metallischen *Pfannen* vor sich gegangen ist, darüber fehlen uns für die meisten Salinen jegliche Angaben. Für die Saline Nauheim (das heutige Bad Nauheim im BRD-Land Hessen) ist ein Siedebetrieb in Pfannen aus Blei der Größe 0,6 × 2 m bereits seit Mitte des 7. Jahrhunderts nachgewiesen (SÜSS, 1978).

In den Salinen bei Kraków (VR Polen) ging man um das Jahr 1000 zu Metallpfannen über. In vielen der mittelalterlichen Urkunden, die besonders seit KARL dem Großen (768—814) zahlreicher überliefert sind, ist von „Pfannen" (patellae, ine, frixoriae, sartagines) die Rede. Um die Jahrtausendwende existierten im „Heiligen Römischen Reich Deutscher Nation" etwa 20 Salinen. Die ältesten Salzwerke auf dem heutigen Gebiet der DDR sind Salzungen (Werra), deren erste urkundliche Erwähnung in das Jahr 775 fällt, Halle (Saale) mit einer Erwähnung 961 und Frankenhausen (Kyffhäuser) mit 998. Weitere Salinen im sächsisch-thüringischen Raum — der aus geologischen Gründen reich an Solequellen ist — waren im Mittelalter die Salzwerke in Artern (Unstrut), Creuzburg an der Werra und Sulza an der Ilm.

Auch in dem kleinen Dorf Erdeborn bei Eisleben, am Ufer des heute nicht mehr existierenden „Salzigen Sees", wurde sowohl in der Bronzezeit (MARSCHALL et al., 1980) als auch im Mittelalter Salz produziert. Nach den spärlich vorliegenden Berichten (BESSLER, 1933) soll GRAF GÜNTHER ZU MANSFELD im Jahre 1443 drei Siedehütten erbaut haben. Im 16. Jahrhundert kam die Salzgewinnung zum Erliegen.

Bis zum Beginn des 16. Jahrhunderts hatte sich rein empirisch eine Technologie der Siedesalzerzeugung herausgebildet, die den natürlichen Gegebenheiten sehr gut angepaßt war. Zu der bereits in der Urzeit bekannten Entfernung des Lösungsmittels Wasser kam eine weitgehende Abtrennung der in den Solen enthaltenen Fremdbestandteile hinzu.

2. Technologische Entwicklung des Pfannensalzprozesses vom 16. bis zum 19. Jahrhundert

2.1. Siedesalzproduktion bis zum Ende des 17. Jahrhunderts

Abbildung 3 zeigt das Verfahrensschema der Siedesalz-Technologie im 16. und 17. Jahrhundert. Ausgangsstoff ist eine natürliche Sole, die aus mehr oder weniger tiefen Brunnenschächten geschöpft wurde. Der Salzgehalt der Solen lag bei den meisten Salinen weit unter 26,4%, der Sättigungskonzentration für NaCl bei 20 °C. Von den deutschen Salinen verfügten nur Halle, Lüneburg, Staßfurt und Groß-Salze über Solen mit mehr als 17% Salzgehalt. Von den uns hier besonders interessierenden Salinen konnten Frankenhausen mit 12% und Salzungen mit 8% noch über relativ starke Solen verfügen, während die

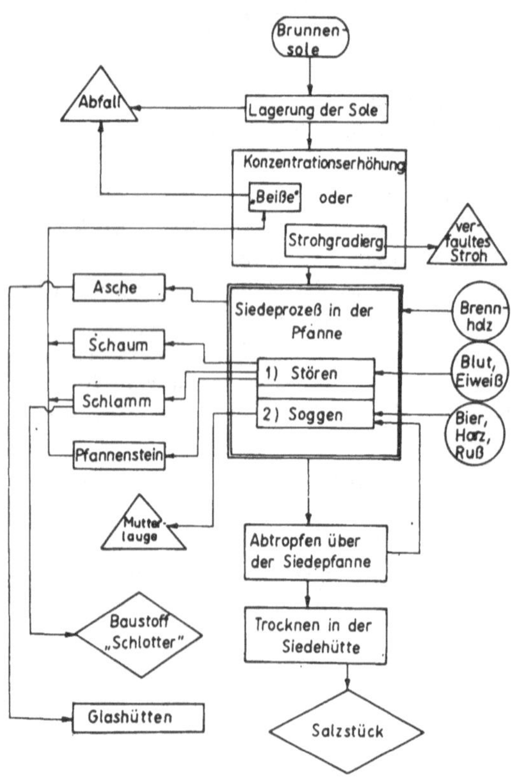

Abb. 3. Verfahrensschema der Siedesalzproduktion im 16./17. Jahrhundert

Salinen in Artern mit 2 bis 3%, Creuzburg mit 5% und Schmalkalden mit nur 1% Salzgehalt in ihren Solen auskommen mußten.

Zur Erhöhung der Solekonzentration wurden beide möglichen Wege beschritten. Der Zusatz von festem Salz erfolgte in Form von Siedeabfällen (Pfannenstein, Schaum, Schlamm). Diese als Beiße bezeichnete Methode hatte den Nachteil, daß weitere Verunreinigungen eingebracht wurden, die die NaCl-Kristallisation ungünstig beeinflußten. Um 1570 setzte sich allmählich die Strohgradierung durch, das Verdunsten eines Teils des Wassers, indem man die Sole über Strohbüschel rieseln ließ, wobei sie fein verteilt wurde (Abb. 4). Die erste sichere Nachricht über ein Strohgradierwerk in Deutschland datiert aus dem Jahre 1568 von der Saline in Sulza an der Ilm, die zu dieser Zeit im Besitz von frühkapitalistischen Unternehmern stand, die wahrscheinlich aus Süddeutschland stammten (WIRTH, 1984). Mit der Strohgradierung, d. h. dem Feinverteilen der Sole und natürlichem Verdunsten, konnte die Salzkonzentration nur

Abb. 4. Zeichnung eines Strohgradierwerkes nach SCHICKHARDT 1595 (CARLÉ, 1963)

um wenige Prozente erhöht werden, außerdem wurden — wie mit der Beiße — Verunreinigungen eingebracht, die die Salzqualität verminderten.

Der eigentliche Siedeprozeß in der Siedepfanne, die seit dem 16. Jahrhundert meist aus Eisenblech gefertigt war, zerfiel in die Phase des „Störens" und in die Phase des „Soggens" Mit „Stören" bezeichneten die Siedemeister das Eindampfen der Sole bis zur Sättigungskonzentration bei heftigem Feuer und am Siedepunkt (109 °C) der Sole. Das Ende der Störphase konnte man an empirischen Kennzeichen, wie dem Auftreten erster Salzkristalle am Pfannenrand, erkennen. Anschließend ließ man die Sole bei schwachem Feuer „soggen".

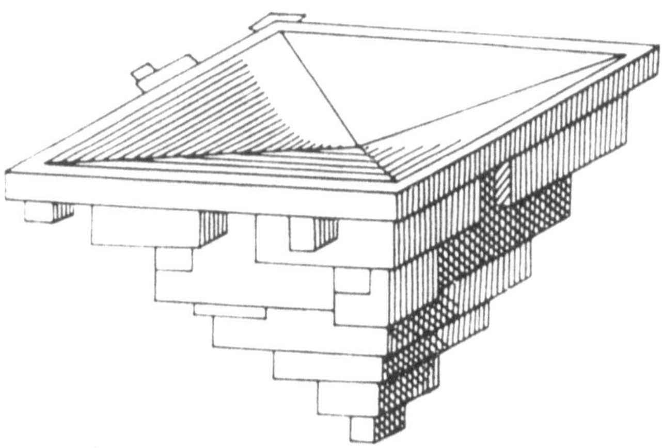

Abb. 5. Kristallaggregat von Pfannensalz

Hierbei verdampfte das Lösungsmittel, das NaCl kristallisierte in charakteristischen Kristallformen (Abb. 5) aus. Die Soggetemperatur wurde konstant gehalten und lag zwischen 60 und 80 °C. Diese Verfahrensweise war notwendig, da die Löslichkeit des NaCl sehr wenig temperaturabhängig ist und sich das Kochsalz nicht durch Abkühlenlassen der gesättigten Lösung herstellen läßt, wie es beispielsweise bei der Produktion des für Schießpulver unentbehrlichen Salpeters (KNO_3) zu dieser Zeit üblich war.

Zum Abtrennen von Fremdbestandteilen wurde in der Störphase durch Zugabe von Blut oder Eiweiß eine Schaumbildung gefördert und mit diesem Schaum nach dem Prinzip der Flotation vor allem die feinteiligen Feststoffe entfernt. Die Bildung von Anhydrit aus den Calcium- und Sulfationen der Sole führte zum Pfannenstein am Boden der Siedepfanne.

In der Soggephase traten relativ häufig Hemmungen der Kristallisation auf, über die in der zeitgenössischen Literatur des 16. und 17. Jahrhunderts oft berichtet wird. Obwohl alle Voraussetzungen erfüllt schienen, kristallisierte kein NaCl aus, „*die Sole will nicht zu Salze gehen*", formulierte man damals (Thölde, 1603). Aus heutiger Sicht läßt sich das in der historischen Literatur sehr breit diskutierte Problem mit der Ausbildung verdunstungshemmender Schichten auf der Soleoberfläche erklären, die im 16. und 17. Jahrhundert beim Soggen sehr ruhig gehalten wurde. Empirisch gefundene Mittel, die auch heute geeignet erscheinen, die aus fettartigen Substanzen bestehenden „Häute" zu zerstören, kannten die Siedemeister jener Zeit in Bier, Harz, Ruß oder manchen anderen Substanzen. Während die Sieder in der Saline Salzungen Wagenschmiere verwendeten, hatten die Salinenbeamten in Frankenhausen durch Versuche festgestellt, daß mit steigendem Alkoholgehalt der Zusätze die Wirkung verstärkt wird: „*Das Anschießen des Salzes wird durch Bier oder Breyhan befördert oder noch besser durch Wein, der unter Kochen zugeschüttet wird. Ja man hat die Probe gemacht und 2 Lot rektifizierten Weingeist statt des Bieres zugetan, wo eine merkliche Veränderung, gutes Anschießen, ein glänzendes und wohlgekörntes Salz erhalten*" („Frankenhäuser Salzwerkslexikon", um 1750).

Abb. 6. Arbeitsgänge beim Salzsieden in offenen Pfannen (Mittelalter bis 18. Jahrhundert)

Das auskristallisierte Salz wurde in Körbe aus Weidengeflecht geschüttet, die über der Pfanne standen, so daß die Mutterlauge in die Pfanne zurückrinnen konnte (Abb. 6). Nach 1 bis 2 Stunden trug man die Salzkörbe zur weiteren Trocknung an eine warme Stelle in der Siedehütte. Auf diese Art ließ sich der Feuchtigkeitsgehalt des Salzes bis auf etwa 4% senken. In vielen Salinen war genau vorgeschrieben, wieviel Körbe Salz aus einer Pfannenfüllung entnommen werden durften. Man verhinderte damit, daß sich die Fremdionen, besonders Kalium- und Magnesiumionen, in der Mutterlauge zu stark anreicherten und ins fertige Salz gelangten.

Im Zeitraum von 1500 bis 1700 kamen zu den seit Jahrhunderten bestehenden Salinen im sächsisch-thüringischen Raum nur vier Salinen hinzu. Dabei handelte es sich um Salinenversuche, die nur kurze Zeit Bestand hatten. Insbesondere Kurfürst August I. von Sachsen (Regierungszeit: 1553–1586) unternahm in den Jahren von 1563 bis 1572 in Auleben bei Nordhausen und von 1577 bis 1585 in Poserna bei Weißenfels große Anstrengungen zum Aufbau staatlicher Salinen.

In der Nähe des kleinen Dorfes Auleben nordwestlich des Kyffhäuser fließt noch heute eine Solequelle, deren bitterer und schwach salziger Geschmack keine Empfehlung für den Aufbau einer Saline sein sollte. Doch im 16. Jahrhundert, als die Landesherren im territorial zersplitterten Deutschland versuchten, jede bekannte Salzwasserquelle zur Siedesalzerzeugung zu nutzen, erlebte auch Auleben mehrere großangelegte Salinenversuche. Das Gebiet um Auleben gehörte zum Territorium der Grafschaft Stolberg. Der Graf zu Stolberg nahm in den 40er Jahren des 16. Jahrhunderts den Bau einer Saline in Angriff, doch wurden die Arbeiten aus heute unbekannten Gründen bald wieder eingestellt (Fürsen, 1897). Im April 1563 suchten zwei Sangerhäuser Bürger bei Kurfürst August I. von Sachsen um die Belehnung mit der Aulebener Solequelle nach. Sie wandten sich deshalb an den Kurfürsten, weil dieser als der Oberlehnsherr der nicht reichsunmittelbaren Grafen unter anderem auch das Salzregal in der Grafschaft Stolberg beanspruchte. Im Juli desselben Jahres teilte ihnen der Kurfürst mit, er wolle sie mit einer Hälfte belehnen, die andere Hälfte aber als ihr „Mitgewerke" selbst behalten. Nun wurde in Auleben eine rege Tätigkeit entfaltet, die Fassung der Solequelle auf bergmännischem Weg durch Anlegen von Schächten und Stollen versucht und noch im Herbst 1563 eine größere Siedeprobe vorgenommen, nach deren Ergebnissen der Kurfürst zu den schönsten Hoffnungen berechtigt zu sein glaubte. Die Grafen zu Stolberg waren über die Rechte des Kurfürsten, in ihrem Land eine Saline aufbauen zu können, allerdings anderer Ansicht. Gemeinsam mit den Schwarzburger Grafen, die um den Absatz der Saline Frankenhausen besorgt waren, strengten sie 1564 einen Prozeß beim Reichskammergericht an, der sich allerdings — wie bei dieser überlebten Rechtsinstitution des Heiligen

Römischen Reiches Deutscher Nation üblich – jahrelang schleppend und ergebnislos hinzog. Die Schwarzburger Grafen versuchten weiterhin, den auf dem Salinengelände Beschäftigten die Arbeit im Dienste des Kurfürsten zu verbieten, jedoch hielt sich niemand daran. 1565 kaufte AUGUST von Sachsen seinen beiden Sangerhäuser Mitgewerken ihre Anteile für 4000 Gulden ab und betrieb das Unternehmen künftig völlig auf eigene Rechnung. Die technische Leitung wurde einem sachverständigen hessischen Baumeister, Hans WETZEL aus dem Salinenort Sooden-Allendorf, übertragen. Landgraf WILHELM IV. von Hessen-Kassel beurlaubte WETZEL wiederholt auf kürzere oder längere Zeit nach Auleben und überließ ihn schließlich sogar für mehrere Jahre dem Kurfürsten.

Im Sommer 1565 arbeiteten bereits 60 Mann an der Fassung der Sole und vor allem an der Ableitung der großen Wildwassermengen. Sobald man glaubte, die Sole in einem Schacht gefaßt zu haben, traten alsbald wieder wilde Wasser aus, oder die Sole verlor sich in dem zerklüfteten Kalkgebirge. Nun wurde der Plan gefaßt, in zwei Schächten die Wildwasser abzuleiten und in einem dritten die Sole zu sammeln, deren Gehalt zwischen 2 und 5% schwankte. Eine Kostenberechnung aus dem Jahre 1567 zeigt die große Anzahl der in Auleben Beschäftigten. Neben dem Baumeister WETZEL, einem Wächter und einem Holzförster werden 10 Zimmerleute, 28 „Sinker“ (Bergleute, die die Schächte vertieften), 41 Tagelöhner als Haspeler, Bergläufer, Grabensäuberer, Holzhauer, 2 Steiger, 2 Salzsieder, 2 Fuhrknechte und drei Schmiede erwähnt. Außerdem arbeiteten noch 12 Zimmerleute am Ausbau eines Wassergrabens, der Wasser von der Helme bei Heringen zum Antrieb dreier Wasserräder liefern sollte (FÜRSEN, 1897). Im Laufe der Jahres 1568 gelang es WETZEL endlich für kurze Zeit, die Sole in dem dritten Schacht zu fassen. In zwei Koten wurde bereits mit einem geringem Gewinn Salz produziert, so daß man den Bau von weiteren 8 Siedehütten plante. Auch der Absatz war zufriedenstellend.

1568 besuchte der Allendorfer Salzgräfe Johannes RHENANUS auf seiner Salinenreise auch die Saline Auleben, nachdem er Frankenhausen verlassen hatte (WALTER, 1986). Er stellte den Salzgehalt der Brunnensole mit 3% fest und lobte die Arbeit seines Landsmannes Hans WETZEL: „*Sonsten hab ich die Kunst allenthalben besehen, welche aufs aller fleißigst und beste angestellet sein. Daß Meister Hanßens fursichtige geschicklichkeit inn dem nicht genugsam geruemet kann werden*“ (RHENANUS). Es sei zu wünschen, so RHENANUS weiter, daß auch „*die kunst zum Sooden fur Allendorff nach derselbigen art angestellet*“ würde.

Die zwei Siedehütten waren nicht wie in Frankenhausen in die Erde gegraben, sondern standen als ordentliche Holzhütten auf dem Erdboden und besaßen Strohdächer. Der Herd ähnelte den in Frankenhausen gebräuchlichen Herden, die eisernen Pfannen hatten eine Grundfläche von etwa 4,4 m². In jeder Woche wurden pro Kot 45 Stücke Salz produziert, die wie die Frankenhäuser Stücke 1 1/2 Nordhäuser Scheffel maßen und deren jedes für 9 Groschen verkauft wurde.

Doch bereits nach einem Jahr, im Herbst 1569, nahm der Salzgehalt der Sole so stark ab, daß der Siedebetrieb eingestellt werden mußte. Kurfürst AUGUST, sehr besorgt darüber, daß der erwartete *„große Nutz und Überschuß“* ausblieb, setzte sofort eine Untersuchungskommission ein, zu der er auch — über den Landgrafen WILHELM von Hessen — den weithin bekannten und berühmten RHENANUS hinzuzog. Am 23. November 1569 wurde der Baumeister Hans WETZEL in Auleben von den Kommissionsmitgliedern — Michel von EBELEBEN, „Hauptmann zu Sangerhaußen“, Johannes RHENANUS, „Heßischer Salzgraw“, Christoff SCHÖNLEBE, „Ober Huttenmeister des Bergkwergs Freybergk“ und Mathias FLICKE, „Berckvogt zu Sangerhaußen“ — eingehend befragt. Man überzeugte sich davon, daß alle technischen Anlagen in bestem Zustand und nach dem modernen Stand errichtet waren. Das erzeugte Salz wies eine gute Qualität auf, der Absatz war gewährleistet. Der große Mangel der Saline waren die fehlenden natürlichen Voraussetzungen. Es erschien der Kommission kaum möglich, eine beständige Solequelle zu finden. Immer wieder verlor sich die Sole im Gebirge. In diesem Sinne war auch der Bericht an den Kurfürsten abgefaßt, in dem es hieß, daß *„mit keinem nuz diß Salzwergk konne erbaut werden“* (RHENANUS).

Doch die Überzeugung des Kurfürsten, daß man ihn betrügen wolle, wog schwerer als die Ergebnisse der Sachverständigen. AUGUST hegte den Verdacht, daß WETZEL absichtlich den Fortgang des Salzwerks hindere. Dieser erfuhr davon und entwich im Dezember 1569 aus Furcht vor dem Zorn des Fürsten heimlich in seine Heimat. Bald merkte dieser, daß er den sachverständigen WETZEL nicht entbehren konnte, und bat den Landgrafen, ihm die Rückkehr zu gestatten. Das geschah im März 1570, nachdem WETZEL die persönliche Sicherheit garantiert worden war. Bei den erneuten und wiederum ergebnislosen Versuchen kam es abermals zu Streitigkeiten, bis schließlich WETZEL im November 1570 *„vohr 1000 teufeln“* davongejagt wurde. Doch WETZELS Nachfolger erreichten ebensowenig. Außerdem ließen die Schwarzburger Grafen durch den Schösser zu Heringen das für den Salinengraben benötigte Wasser ableiten — und behaupteten gegenüber Kurfürst AUGUST, das sei eine Eigenmächtigkeit dieses Beamten gewesen. Endlich erging am 4. Februar 1572 der Befehl aus Dresden, die Arbeiten einzustellen, *„weil biszher daran nichts fruchtbarliches ausgericht worden“* (FÜRSEN, 1897, S. 42). Der Kunstmeister, der Steiger und alle Arbeiter wurden entlassen und die technischen Einrichtungen der Saline nach Sangerhausen gebracht, um 1577 bei dem großen Salinenversuch in Poserna bei Lützen erneut Verwendung zu finden. Acht Jahre angestrengter Arbeit in Auleben und über 32000 Gulden waren ergebnislos aufgewendet worden.

In dem kleinen Dorf Poserna, erstmals im 12. Jahrhundert urkundlich erwähnt, sind seit alten Zeiten Solequellen bekannt, deren großer Nachteil allerdings darin besteht, daß sie in einem sumpfigen Gelände austreten und durch starke Süßwasserzuflüsse verdünnt werden. Der Besucher Posernas kann das Quellengelände noch heute sehen, und auch das normale Brunnenwasser im Ort weist einen erhöhten, allerdings kaum spürbaren Salzgehalt auf. Die außerordentlichen Schwierigkeiten bei der Anlage des Solebrunnens haben in Poserna immer wieder eine Nutzung des Salzwassers verhindert. So ließ Herzog Georg von Sachsen 1517 den Bau eines Brunnens in Angriff nehmen. Eine beträchtliche Anzahl von Arbeitern unter der Leitung eines Steigers legten mehrere Schächte und Stollen an. Mittels eines Göpelwerkes, zu dem 24 Pferde eingesetzt waren, hoffte man die wilden Wässer zu fördern und die Sole rein zu erhalten. Das gelang jedoch nicht, so daß 1521 die Arbeiten eingestellt werden mußten.

Dieser Mißerfolg hielt jedoch den Kurfürsten August I. nicht davon ab, einen neuen Salinenversuch viel größeren Ausmaßes zu unternehmen. Seit 1577 wurde angestrengt mit allen Mitteln der damaligen modernen Technik gearbeitet. Eine zahllose Menge von Befehlen, die dieses Salzwerk betreffen, blieben erhalten und wurden im vergangenen Jahrhundert von Fürsen (1897) ausgewertet. Nicht weniger als 100 Mann aus den umliegenden Ämtern mußten im Sommer 1577 acht Wochen lang auf dem Salinengelände arbeiten, weitere 200 hatte das Amt Weißenfels nach der Ernte zu stellen. Diese Hilfskräfte und 20 ständige Tagelöhner begannen mit der Anlage eines Solschachtes. Mit acht Röhren sollte das Wildwasser gefördert werden, denn es kam dem Kurfürsten erst einmal darauf an, die Solequellen unverdünnt zu fassen. Über den Salzgehalt der Sole machte sich August weniger Sorgen — er glaubte durch Probesiedungen, die er höchstpersönlich auf Schloß Wolkenstein vornahm, eine vorteilhafte Siedemethode gefunden zu haben. Im Oktober 1577 überzeugte sich der Kurfürst an Ort und Stelle in Poserna vom Stand der Arbeiten. Obwohl die Sole noch gar nicht zur Verfügung stand, traf er umfassende Vorbereitungen für den Siedebetrieb. Eine Reihe seiner eigenhändigen Berechnungen beweisen dies. So wollte August I. in Poserna in 96 Pfannen von etwa 10 m² Grundfläche sieden und jährlich 91182 Gulden Gewinn erzielen. Es ist bezeichnend, daß die Produktionskosten in dieser „Berechnung" an keiner Stelle auftauchen.

Jedoch vergingen Jahr für Jahr, ohne daß eine Salzproduktion in Gang gebracht werden konnte. Über 12 t Eisen wurde verbraucht, Pumpen und Wasserkraftanlagen gebaut, ein Turm errichtet, auf den die Sole gehoben werden sollte, das Baumaterial für 100 Siedehütten herangeholt — die Liste ließe sich beliebig fortsetzen.

Besondere Schwierigkeiten bereitete das Gießen einiger Kupferkessel, deren Herstellung der Kurfürst befohlen hatte und die offenbar zur Anreicherung der Sole vor dem Sieden dienen sollten. Bereits zu Beginn des Jahres 1580 wurde AUGUST allmählich bewußt, daß alle Anstrengungen umsonst gewesen waren. Aber erst am 9. Januar 1585 gab er den Befehl, die Arbeiten einzustellen. Aus Poserna wurden unter anderem 8000 kg Blei abtransportiert, die sich in Form von Röhren und Pfannen auf der Saline befunden hatten. Die Bilanz war negativ. Hunderte von „Untertanen" hatte man jahrelang mit dem hoffnungslosen Unternehmen beschäftigt, für Kursachsen eine „centrale Siedestätte" zu errichten, und mehr als 160000 Gulden waren nutzlos aufgewendet worden. Erst im Jahre 1588 erhielt die Gemeinde Poserna die Erlaubnis, das Schmiedehaus, den hohen Turm und die anderen Gebäude abzubrechen und den Platz der ehemaligen Saline wieder als Weide zu nutzen.

Große Mißerfolge erlitt der Kurfürst übrigens auch mit seinem Vorhaben, französisches Meersalz, sog. Baysalz, in Hamburg aufzukaufen und in Dresden zu Speisesalz umzusieden.

2.2. Die Dorngradierung — wesentliche Neuerung des 18. Jahrhunderts

Das Verfahrensschema (Abb. 7) zeigt die für das 18. Jahrhundert typische Technologie der Siedesalzproduktion. Die wichtigste technische Neuerung war in diesem Zeitraum die Einführung der Dorngradierung zur Erhöhung des Salzgehaltes vor dem Sieden. Dadurch wurde der Brennstoffbedarf wesentlich vermindert, was andererseits aber auch den Übergang zur Kohlefeuerung weiter verzögerte. Durch die mit der Dorngradierung verbundenen Solereinigungseffekte konnte die Qualität des Salzes (Kristallgröße, Wassergehalt) spürbar verbessert werden. Durch die Vergrößerung der Siedepfannen ging man auch zu größeren Siedehäusern über, die oft mit besonderen Trockenräumen für das Salz ausgerüstet waren. Insgesamt stieg damit der Kapitelaufwand für den Bau einer neuen Saline wesentlich an. Typisch für das 18. Jahrhundert ist weiterhin das Bestreben, die Wärme der Rauchgase besser auszunutzen und die beim Gradieren und Sieden entstehenden Abprodukte möglichst vollständig zu verwerten. Dabei stand die Herstellung von Düngemitteln im Vordergrund.

Im folgenden sei kurz auf die Dorngradierung eingegangen, die eine der wichtigsten Fortschritte im Salinenwesen darstellt. Der Vorläufer der Dorngradierung, die Strohgradierung, besaß zwar eine Reihe von Nachteilen, andererseits hatte sich die Anreicherung der Sole durch Verdunstung an der Luft als eine wirksame Methode zur Brennstoffeinsparung bewährt. Daher wurde zu Beginn des 18. Jahrhunderts verstärkt nach neuen Materialien für die Gradierung gesucht und im Schwarzdorn (*Prunus spinosa*) gefunden. Die Eigenschaften des Schwarzdorns gestatten es, die Vorteile der Luftgradierung voll

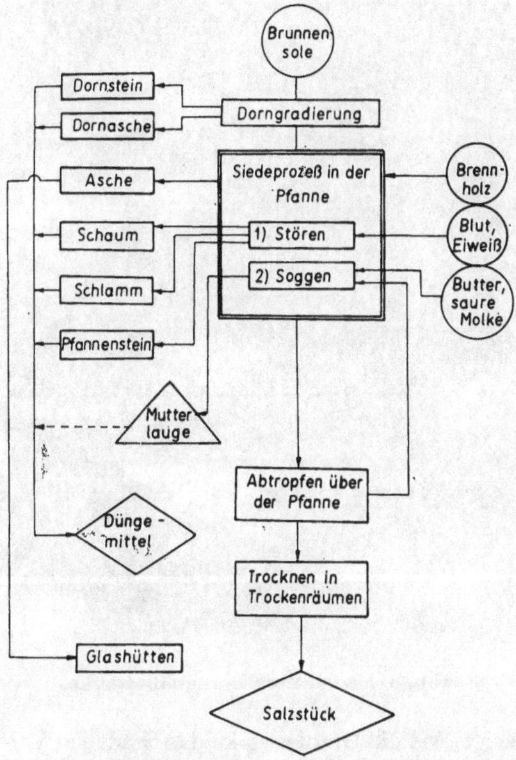

Abb. 7. Verfahrensschema der Siedesalzproduktion im 18. Jahrhundert

auszuschöpfen. Die harten, sperrigen und dornigen Zweige des auch als Schlehe bekannten Strauches erlaubten den Aufbau relativ dicker Schichten, durch die der Wind streichen konnte (Abb. 8).

Die Soletröpfchen werden durch die spitzen Zweige sehr fein verteilt. Die beim Erhöhen der Konzentration ausfallenden Schwermetallverbindungen, entstanden durch Zersetzung löslicher Hydrogencarbonate, und das Calciumsulfat bilden den sog. ,,Dornstein" Diese Verunreingungen der Sole traten vor der Einführung der Dorngradierung in der Siedepfanne in Erscheinung und verunreinigten nicht nur das Salz, sondern beeinflußten auch den Kristallisationsprozeß. Die augenfälligen Vorteile der Dorngradierung führten in vielen deutschen Salinen im Verlauf der ersten Jahrzehnte des 18. Jahrhunderts zu einem raschen Aufschwung der Methode. Die über 10 m hohen und oft bis zu 1000 m langen, mit Schwarzdorngestrüpp gefüllten Holzgerüste der Gradierwerke wurden zum Wahrzeichen vieler Salinenstädte.

Abb. 8. Modell eines Dorngradierwerkes

Abbildung 9 zeigt, wie die Gradierwerke das Stadtbild von Salzungen noch um 1840 beherrschten.

Abbildung 10 zeigt Analysenergebnisse aus der Saline Dürrenberg, die sowohl die Anreicherung der Sole (Zunahme des NaCl-Gehaltes) als auch die Abreicherung von Fremdstoffen charakterisieren.

Nach dem Aufkommen der Dorngradierung im ersten Jahrzehnt des 18. Jahrhunderts verbreitete sich die neue Methode relativ schnell. Im sächsisch-thüringischen Raum erhielten die Salinen Schmalkalden 1718, Creuzburg 1726, Artern 1728 und Kösen 1731 Dorngradierwerke.

Wesentlichen Anteil an der Verbreitung der Dorngradierung hat der berühmte Salinist Joachim Friedrich Freiherr von Beust (1697–1771).

Beust wurde auf dem Landgut seiner Eltern Obergöltzsch im Vogtland geboren. Über seine Jugend ist nicht viel bekannt, lediglich aus einem Schreiben an den dänischen König 1757 geht hervor, daß er sich mit dem deutschen Staatsrecht, aber auch mit dem „Cameral-, Commerc-, Berg- und Salzwesen" beschäftigt habe. Wo er sich seine Kenntnisse angeeignet hat, wissen wir nicht. Beust besaß bedeutende geologische, physikalische und chemische Kenntnisse, auch war er ein guter Maschinenbauer und beherrschte die statische Gestaltung

Abb. 9. Gradierwerke der Saline Salzungen um 1840 (Rach, 1935)

	Brunnen-soole	einmal gefallene	zweimal gradirte	dreimal Soole (Siedesoole)
Kieselerde	0,002	0,001	—	—
Eisenoxyd	1,001	—	—	—
Kohlensaure Kalkerde	0,013	0,011	0,003	0,0017 (für beide Zeilen)
Kohlensaure Bittererde	0,002	0,004	0,001	
Schwefels. Thonerde	0,003	—	—	—
Gips	0,568	0,615	0,584	0,473
Schwefelsaures Kali	0,083	0,083	0,143	0,161
Bittersalz	0,054	0,062	0,083	0,159
Kochsalz	7,539	10,569	15,743	21,976

Abb. 10. Analysenergebnisse von Solen der Saline Dürrenberg (Heine, 1845)

von Hochbauten ebenso gut wie den Bergbau (Carle, 1972). Die Spur seiner Tätigkeit beginnt im Jahre 1726 mit der Meldung, daß er auf der Saline Wilhelmsglücksbrunn bei Creuzburg an der Werra im Herzogtum Sachsen-Eisenach ein Dorngradierhaus gebaut habe. Zu diesem Zweck hatte ihn Herzog Johann Wilhelm 1725 in seine Dienste genommen, allerdings erst nach längeren Verhandlungen, in denen BEUST sehr selbstbewußte Gehalts- und Titelforderungen stellte und darauf verwies, daß ihm wesentlich günstigere Angebote aus Kursachsen, Fulda und Mansfeld vorlägen. Schließlich wurde ihm das gesamte Bergwesen im Herzogtum Eisenach unterstellt, 500 Taler Jahresgehalt gezahlt und der Unterhalt für 4 Pferde sowie 20 Klafter Holz zur Verfügung gestellt. Unter Ernennung zum Oberlegationsrat erhielt er Sitz und Stimme im Regierungskollegium (RACH, 1935).

Mit der Reorganisation der Saline Creuzburg begann die jahrzehntelange erfolgreiche Tätigkeit BEUSTS auf mindestens 18 Salinen Deutschlands, aber auch in der Schweiz, in Dänemark und in Norwegen. Die Salinen bei Bex im Schweizer Kanton Bern erhielten um 1730 unter BEUSTS Leitung ein neues Gradierwerk, das sich sehr gut bewährte. Von 1736 bis 1742 verbesserte er grundlegend die Technologie in der völlig veralteten Saline Salzungen im Herzogtum Sachsen-Meiningen. Bemerkenswert ist die Angabe in den Akten dieser Saline, daß statt eines schmutzigen, roten und feuchten Salzes nun ein grobkörniges, weißes und trockenes Produkt erzeugt werden konnte. Der dabei zwischen BEUST und dem Herzog FRIEDRICH WILHELM von Meiningen abgeschlossene Vertrag ähnelt in vielen Punkten den Verträgen, die BEUST in späteren Jahren einging. Die Gradierwerke, die neuen Siedehäuser, die Wasserkraftanlagen und Soleleitungen wurden auf Kosten des Herzogtums errichtet, BEUST erhielt das volle Entscheidungsrecht beim Bau der Anlagen. Die Reisekosten, Unterkunft und Verpflegung wurden ihm von der herzoglichen Kammer in „standesgemäßer Höhe" erstattet. Vom Gewinn der Salzproduktion wurden die Kosten für Brennholz, die Lohnkosten und die Zinsen für aufgenommene Anleihen abgezogen, von der verbleibenden Summe erhielt BEUST erblich ein Achtel. In den Jahren von 1742 bis 1762, für die Zahlen vorliegen, hat BEUST jährlich mehr als 1000 Gulden allein aus dieser Saline erhalten. In den Jahren, als er die Reorganisation der Saline Salzungen betrieb, hielt sich BEUST außerdem in Dänemark auf (1738), arbeitete in den Salinen in Schwäbisch Hall (1737), Vallø in Norwegen, Kreuznach, Bruchsal und Rheine.

Die letztgenannte Saline, Gottesgabe bei Rheine im Bistum Münster, befand sich in einem äußerst desolaten Zustand. Der Erzbischof von Köln, in Personalunion auch Fürstbischof zu Münster, bemühte sich um den Freiherrn von BEUST. 1738 wurde ein Vertrag abgeschlossen, BEUST zum Generalsalzdirektor des Bistums Münster ernannt und eine Salinengesellschaft mit 30 Anteilen zu je 1000 Reichstalern gegründet. Darin gab es ausschließlich Vertreter des Adels. BEUST, der selbst 3 1/2 Anteile kaufte, war jedoch von allen ordentlichen und außerordentlichen Ausgaben für das Salzwerk entbunden. Er erhielt — wie in Salzungen — 1/8 des Reingewinns als erbliche Zuteilung und außerdem von jedem verkauften Scheffel Salz ein „Meßgeld", das später durch 100 Taler jährlich pauschal abgelöst wurde.

1749 beauftragte der Herzog zu Württemberg Beust mit der Verbesserung der Salzgewinnung, vor allem in der Saline Sulz am Neckar. Im Vertrag verpflichtete sich Beust, nach bestem Wissen zu wirken, „*so viel seine übrigen mit verschiedenen Königen, Chur- und Fürsten, auch Republiquen wegen Saltzwercks Verbesserungen bereits habende Engagements und geschlossenen Tractaten verstatten.*" Erforderlichenfalls kann er auch andere „*tüchtige und sattsam instruirte Persohnen entsenden*" (Carlé). Es war also den betreffenden Landesherren, als sie mit Beust Verträge abschlossen, von vornherein klar, daß dieser nur wenige Wochen im Jahr auf ihrer Saline weilen würde.

Fast alle Salinen, in denen Beust tätig wurde, nahmen schon nach kurzer Zeit einen bemerkenswerten Aufschwung. Besonders deutlich wird das an der Saline Sulza in Thüringen, die sich 1752 Beust als Familiensaline zulegte. Gemeinsam mit seinem Bruder, dem Grafen Carl Leopold von Beust, kaufte er die Saline für 6910 Taler und 21 Groschen. Die Saline befand sich bis 1717 im Besitz des Herzogs von Gotha-Altenburg, der wegen der ständig erforderlichen Zuschüsse die Saline verkauft hatte. Sulza wechselte mehrfach den Besitzer und lag um 1750 völlig am Boden. Unter der Leitung von Beusts entwickelte sich die Saline Sulza zu einem gewinnbringenden Betrieb, der noch bis zum Übergang in Volkseigentum 1948 im Besitz der Familie verblieb (VBAK).

Bei der Untersuchung, in welchen Salinen und zu welchem Zeitpunkt Dorngradierwerke errichtet wurden, reicht es nicht aus, die natürlichen Bedingungen und die technischen Voraussetzungen zu betrachten. Diese waren im Prinzip in jeder Saline gegeben. Dagegen spielten die Besitzverhältnisse eine entscheidende Rolle. Nach Berechnungen aus der 2. Hälfte des 18. Jahrhunderts erforderte 1 Fuß (ca. 30 cm) Länge eines Gradierbaues durchschnittlich 25 Gulden Baukosten. Ein wirksamer Effekt tritt aber erst bei über 1000 Fuß (über 350 m) Länge ein. 25000 Gulden überstiegen aber den Reingewinn eines mittleren Salzwerkes beträchtlich. Bei Salinen, die nicht in der Hand des Landesherren, sondern im Besitz einer privaten Pfännerschaft mit zahlreichen Besitzanteilen standen, waren solche hohen Beträge kaum aufzubringen.

Sehr deutlich läßt sich der Einfluß der Besitzverhältnisse auf die Technologie der Salinen am Beispiel der beiden benachbarten Salinen Frankenhausen (Fürstentum Schwarzburg-Rudolstadt), die in pfännerschaftlichem Privatbesitz stand, und der staatlichen Saline Artern (Kurfürstentum Sachsen) zeigen. In Abb. 11 ist die Entwicklung der jährlichen Salzproduktion der beiden Salinen vom Beginn des 16. Jahrhunderts bis zur Einstellung der Salzgewinnung zu sehen (Walter, 1986). Eindeutig erkennt man die große Bedeutung der Frankenhäuser Saline vom 16. Jahrhundert bis zum Dreißigjährigen Krieg. In dieser Zeit wurde Frankenhausen in der Höhe der Salzproduktion nur von Sooden-Allendorf in Hessen erreicht und von Lüneburg und Halle übertroffen. Alle anderen der etwa 50 deutschen Salinen lagen in der Jahrespro-

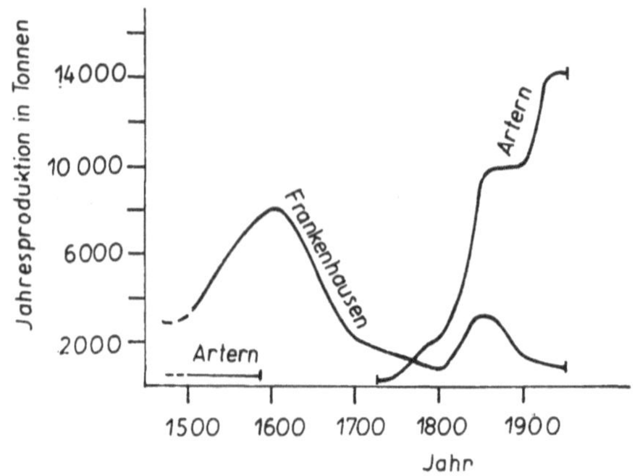

Abb. 11. Salzproduktion der Salinen Frankenhausen und Artern

duktion weit unter Frankenhausen. Als die Zerstörungen des Krieges beseitigt waren, erfolgte auch um 1700 kein Wiederanstieg der Salzproduktion, obwohl die natürlichen Voraussetzungen nach wie vor gegeben waren. Es stand jederzeit mehr Sole zur Verfügung, als versotten werden konnte, und die Salzkonzentration lag mit rund 12% so hoch wie nur in wenigen anderen Salinen. Auch die benötigten Wasserkräfte standen direkt in der Saline in ausreichendem Maße zur Verfügung. Zwar hatte sich der Brennstoffmangel verstärkt — die Wälder des Kyffhäuser waren weitgehend gelichtet — aber eine weitsichtige Salinenleitung hätte einen Ausweg in der Verwendung von Kohle finden können. Die Hauptsache des Niedergangs der Frankenhäuser Saline ist in den überlebten Produktionsverhältnissen zu sehen. Die Pfännerschaft war zwar im Mittelalter und auch noch im 16. Jahrhundert eine geeignete Besitzform, um die notwendigen Maßnahmen in den kleinen Siedehütten zu gewährleisten. Im 18. Jahrhundert erwies sich jedoch die pfännerschaftliche Betriebsform als völlig ungeeignet, den erneuten und von den Voraussetzungen her durchaus möglichen Aufschwung der Saline zu organisieren. Die drei wichtigsten technischen Entwicklungen im Salinenwesen, die Dorngradierung, der Bau größerer Siedehäuser und die Kohlefeuerung, konnten in Frankenhausen im 18. Jahrhundert nicht eingeführt werden. Auch zu einer zentralisierten Leitung der Saline konnten sich die Frankenhäuser Pfänner nicht entschließen — im Gegenteil, sie versuchten sich beim Holzkauf und beim Salzverkauf gegenseitig zu übervorteilen.

Die Saline Artern verfügte dagegen bei ihrem Neuaufbau 1728 unter staatlicher Leitung über wesentlich ungünstigere natürliche Voraussetzungen. Die Sole enthielt nur 2 bis 3% Salz, die Brennholzbeschaffung stieß in der waldarmen Gegend auf große Schwierigkeiten und zwang zum Antransport aus relativ weit entfernten Gebieten und zur Verwendung von Braunkohle. Trotzdem gelang es dem tatkräftigen Salinisten J. G. BORLACH, im Auftrage AUGUSTS II. in kurzer Zeit eine leistungsfähige Saline zu errichten, die in den wesentlichen technischen Entwicklungen des 18. Jahrhunderts vielen anderen Salzwerken voraus war. Wie Abb. 11 zeigt, widerspiegelt sich das in der Entwicklung der Salzproduktion.

Im 18. Jahrhundert wurden im Kurfürstentum Sachsen weiterhin die Salinen in Kösen (1731) und in Dürrenberg (1763) gegründet, womit Kursachsen von einem Salzimporteur zu einem der bedeutendsten Salzproduzenten in Deutschland aufstieg.

Eine kleine Saline wurde weiterhin 1704 in dem Dorf Lindenau im Herzogtum Sachsen-Hildburghausen gegründet, die sich ebenfalls im Staatsbesitz befand. In dieser Saline wurde bis 1847 Kochsalz produziert, was deshalb besonders bemerkenswert ist, da die Solequelle mehr Fremdsalze als NaCl enthält — ein Hinweis für die Wirksamkeit des Stofftrennprozesses beim Salzsieden.

Das Mineralwasser der Lindenauer Quelle wird heute übrigens vollständig eingedampft und ein magnesiumsulfathaltiges Bittersalz für medizinische Zwecke — als Abführmittel — erzeugt.

In den Jahren 1704 bis 1714 ließ der Herzog von Sachsen-Hildburghausen in Lindenau neue Salinenanlagen errichten, um von der bis dahin erforderlichen Einfuhr des Salzes unabhängig zu sein (KAISER). Dem Bau eines Brunnenhäuschens über der Quelle, eines Gradierwerkes, eines Siedehauses und eines Wohnhauses für den Salinenaufseher folgte sofort nach Produktionsaufnahme das Einfuhrverbot für „fremdes“ Salz. Nach Zerstörung der Quellen durch starke Wildwasserzuflüsse im Jahre 1752 wurde die Saline 1765 auf Befehl des Herzogs ERNST FRIEDRICH KARL von Hildburghausen wieder in Betrieb gesetzt. Der Herzog gab ihr den Namen „Friedrichshall“, verschiedene Rechte und eine eigene Gerichtsbarkeit. Auch soziale Maßnahmen hatte die Regierung — wie in anderen Salinen der damaligen Zeit — vorgesehen, um die unentbehrlichen Arbeitskräfte in der Saline zu halten. So sollten von jedem verkauften Kübel Salz „ein paar Kreuzer“ in eine Invalidenkasse gezahlt werden, aus der alte oder verunglückte Salinenarbeiter unterstützt werden konnten.

Über den Betrieb des Salzwerkes liegt ein ausführlicher, auf eigener Anschauung beruhender Bericht vor, den Johann Wilhelm GLENK, der Bruder des berühmten Salinisten Johann Georg GLENK (CARLÉ, 1969), im Jahre 1782 verfaßt hat (GLENK, 1788). Darin werden aus der Sicht des Fachmannes eingehend die Fehler beschrieben, die in Lindenau bei der Anlage der Solebrunnen, der Gradierung, der Wasserkraftanlagen und der Siedepfannen gemacht worden waren. Doch die Vermeidung aller dieser Mängel hätte das Grundproblem der Saline Friedrichshall nicht lösen können, die für eine Kochsalzgewinnung außerordentlich ungünstige Zusammensetzung der Sole. Wie Tab. 2 zeigt, war

Tabelle 2

Salzgehalt der in einigen Salinen verwendeten Solen in Masse-Prozent

	Lindenau (Liebig) 1847	Schmalkalden (Bäderbuch) 1907	Salzungen alte Quelle 1823	Salzungen Bohrung 1842 (Bäderbuch) 1907
Natriumchlorid (Kochsalz)	0,79	0,96	6,40	25,70
Magnesiumchlorid	0,39	0,01	0,28	—
Magnesiumsulfat	0,52	—	—	0,38
Calciumsulfat	0,13	0,27	0,06	0,40
Natriumsulfat	0,61	—	0,06	—
Calciumchlorid	—	0,10	—	0,34
Fremdsalze insgesamt	1,65	0,38	0,44	1,12
Verhältnis Kochsalz zu Fremdsalzen	0,48	2,5	16	23

diese noch ungünstiger als die Sole der Saline Schmalkalden. Lindenau nimmt im deutschen Salinenwesen damit eine Sonderstellung ein. In keinem anderem Salzwerk hat man jemals aus einer Sole mit derart hohen Gehalten an Magnesiumsalzen das Natriumchlorid hergestellt. Wissenschaftliche Grundlagen existierten für die Abtrennung der Fremdsalze zu jener Zeit noch nicht. Allein die Erfahrung der Salzsieder vermochte es, ein einigermaßen reines Kochsalz zu erzeugen. So wurde die Sole in kalten Nächten in Solekästen im Freien aufbewahrt, wobei ein Teil der Magnesiumsalze kristallisierte. Beim Sieden konnte eine weitere Trennung dadurch erzielt werden, daß der größte Teil der Bittersalze auf dem Boden der Siedepfanne als Pfannenstein festbackte, während das Kochsalz als Kristallbrei herausgeschaufelt werden konnte. Trotzdem war das trockene Salz noch mit Stücken von Bittersalzen und Pfannenstein vermengt. Durch Sieben erhielt man ein relativ reines Kochsalz.

Das Friedrichshaller Salz war aber, bedingt durch die Ausgangssole, von wesentlich schlechterer Qualität als die Erzeugnisse der meisten anderen Salinen. Gegen Ende des 18. Jahrhunderts war der Kaufzwang im Herzogtum Hildburghausen für das „einheimische" Salz nicht mehr aufrechtzuerhalten. Die Saline Friedrichshall konnte ihr Salz nur noch in der nächsten Umgebung absetzen, und das nur zu sehr niedrigem Preis. Daher hielten sich Einnahmen und Ausgaben der Saline meist die Waage.

Die private Gesellschaft, der die Saline gehörte, konnte jedoch in den ersten Jahrzehnten des 19. Jahrhunderts beträchtliche Einnahmen durch den Versand von Bitterwasser erzielen. Zu diesem Erfolg trug vor allem die Analyse der Quellen durch den damals schon bekannten Chemiker Justus von Liebig bei (Liebig, 1847). Die Salzproduktion stellte man 1847 ein, nachdem ein Verkaufsverbot für das Herzogtum Meiningen erlassen worden war (Sachsen-Hildburghausen war 1826 durch Erbschaftsvertrag an Meiningen gekommen). Andere Territorien hatten bereits vorher die Einfuhr des bitteren Kochsalzes aus Lindenau unterbunden. In den Jahren bis zum 1. Weltkrieg nahm das Exportgeschäft mit Friedrichshaller Bitterwasser einen gewaltigen Aufschwung. So waren 1877 in der Bitterwasserfabrik 60 Arbeiter beschäftigt, und es wurden 750000 Krüge abgefüllt.

2.3. Salzgewinnung im 19. Jahrhundert

Die nach 1800 auch in Deutschland einsetzende industrielle Revolution wirkte sich, wenn auch sehr langsam, bei der Entwicklung der Siedesalz-Technologie aus. Abbildung 12 zeigt die typischen Verfahrensschritte der Siedesalz-Technologie im 19. Jahrhundert. Die wichtigsten Neuerungen sind

- die Gewinnung konzentrierter Solen durch Tiefbohrungen, erstmals 1816 in Jagstfeld im Königreich Württemberg, in den Salinen unseres Gebietes z. B. 1837 in der nunmehr preußischen Staatssaline Artern und in den 4 Salinen-Neugründungen Stotternheim 1828, Bufleben bei Gotha 1828, Köstritz bei Gera 1831 und Arnstadt 1849,
- die allgemeine Einführung von Kohle als Brennstoff, wobei insbesondere minderwertige und damit billige Sorten verwendet wurden,
- der Übergang zu großen Siedepfannen bei gleichzeitiger Verbesserung der Feuerungsanlagen; so stieg die Pfannengröße der Saline Frankenhausen von 12 m^2 im 16. Jahrhundert auf 72 m^2 in der 2. Hälfte des 19. Jahrhunderts (Tab. 3),
- die Trocknung des Salzes in Trockenpfannen, wodurch der Feuchtigkeitsgehalt auf etwa 1% gesenkt und ein schüttfähiges Salz erzeugt werden konnte.

Abbildung 13 zeigt schematisch den Aufbau einer Siedepfanne im 19. Jahrhundert. Das Salz wurde zum Abtropfen zunächst auf die hölzerne Abdekkung der Pfanne geschaufelt. Abbildung 14 veranschaulicht diesen Arbeitsvorgang.

In den 80er Jahren des 19. Jahrhunderts wurde in der Saline Arnstadt ein neuer Pfannentyp, die Unterkesselpfanne, entwickelt. Abbildung 15 zeigt den

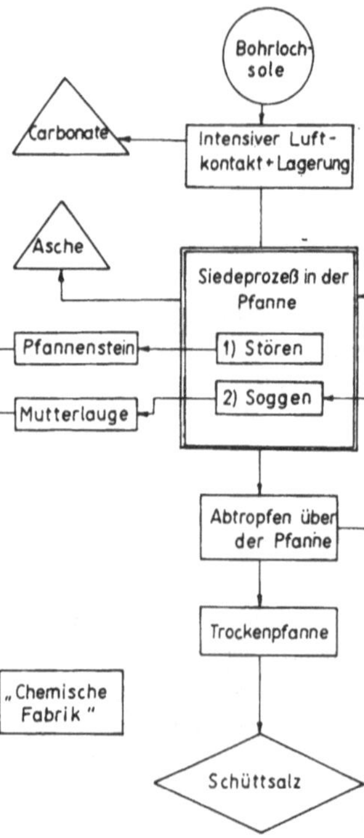

Abb. 12. Verfahrensschema der Siedesalzproduktion im 19. Jahrhundert

Tabelle 3

Größe der Siedepfannen in der Saline Frankenhausen

Zeit	Grundfläche in m²	Quelle
16. und 17. Jh.	12	THÖLDE, 1603
um 1700	15	Salzwerks-Lexikon, 1753
Mitte 18. Jh.	23	Salzwerks-Lexikon
um 1790	26	TRAMPEL, 1794
1. Hälfte des 19. Jh.	23 („wenige") 26 („viele") 32 („eine")	KRÜNITZ, 1823
2. Hälfte des 19. Jh.	72	Betriebsbericht
um 1900	87	BUSCHMAN, 1909
(heutige Pfannensaline Oberilm des VEB Kombinat Kali)	160	persönliche Mitteilung, 1983

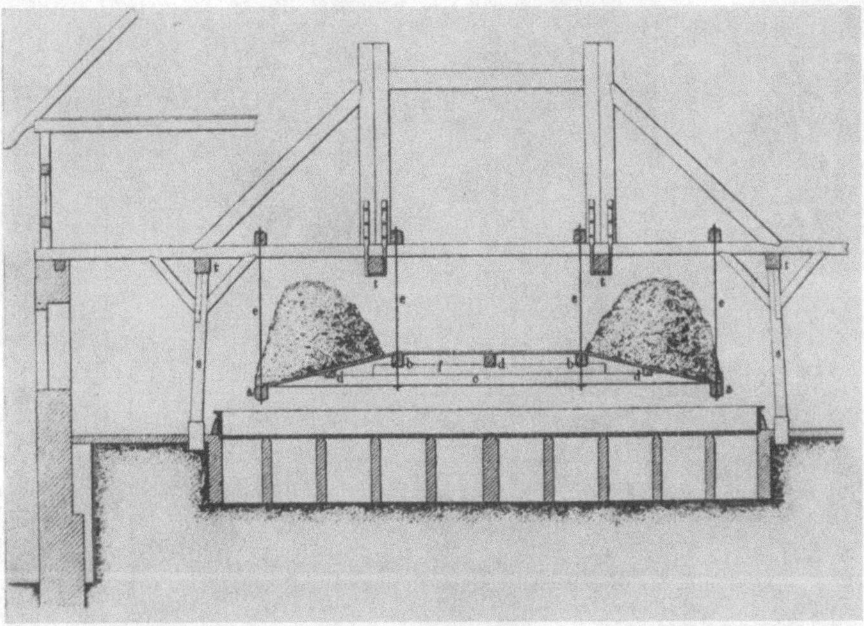

Abb. 13. Schema einer Siedepfanne im 19. Jahrhundert (FÜRER, 1900)

Unterschied zwischen den bis dahin ausschließlich verwendeten Flachpfannen und den Unterkesselpfannen.

Bei letzteren gelangt die Sole zunächst in den Unterkessel, wo sich auf den heißen Flammrohren der größte Teil des Calciumsulfates absetzt, so daß in der eigentlichen Siedepfanne die Pfannensteinbildung minimiert wird. Im deutschen Salinenwesen setzte eine verstärkte Umrüstung auf Unterkesselpfannen in den 20er Jahren unseres Jahrhunderts ein.

Im sächsisch-thüringischen Raum war es die Saline Artern — seit 1924 ein Betrieb der Preußischen Bergwerks- und Hütten-Aktiengesellschaft (PREUSSAG) — in der seit 1928 die Salzproduktion in vier Unterkesselpfannen von je 183 m² Grundfläche mit mechanischem Salzaustrag erfolgte (WALTER, 1986).

Diese Ausrüstung der Saline Artern charakterisiert gleichzeitig den Endpunkt in der Entwicklung der Pfannensalztechnologie, die in unserem Jahrhundert immer mehr an Bedeutung verlor. Seit 1906 stellten 47 Pfannensalinen in Deutschland ihre Produktion ein, heute produziert in der DDR nur noch die Saline Oberilm des VEB Kombinat Kali und in der BRD die Saline Luisenhall der Bartold Levin GmbH & Co. bei Göttingen. In Österreich und der Schweiz gibt es keine Siedepfannen mehr.

Abb. 14. Ausschaufeln des Salzes aus der Siedepfanne (VBAK)

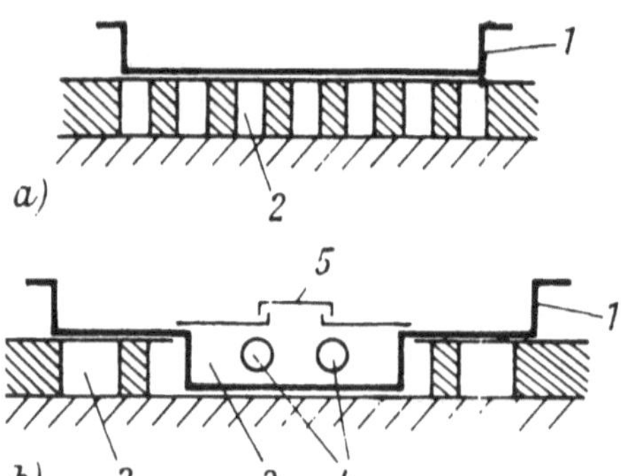

Abb. 15. Vergleich von Flachpfanne (a) und Unterkesselpfanne (b)

1 – Pfanne, 2 – Heizgaszüge, 3 – Unterkessel, 4 – Flammrohre, 5 – Abdeckung des Unterkessels

Im sächsisch-thüringischen Raum stellten die Salinen in folgenden Jahren ihre Produktion ein: Schmalkalden, Creuzburg, Lindenau, Teuditz, Kötzschau und Kösen bereits im 19. Jahrhundert, Köstritz 1909, Arnstadt 1912, Ilversgehoven bei Erfurt 1916, Bufleben 1935, Frankenhausen 1945, Stotternheim

1951, Salzungen 1952, Beesenlaublingen 1956, Dürrenberg 1963, Artern 1964, Halle (Saale) 1964 und schließlich Sulza 1967.

Betrachtet man die Entwicklung der letztgenannten Saline, so findet sich in deren Geschichte vieles von dem wieder, was für das deutsche Salinenwesen seit dem Mittelalter charakteristisch ist.

Am 5. Dezember des Jahres 1064 erteilte Kaiser HEINRICH IV. dem Pfalzgrafen FRIEDRICH von Sachsen das Recht, in seinem Erbgut Sulza freien Markt zu halten und Salz zu sieden. Die Salzgewinnung in dem kleinen Kurort Bad Sulza, idyllisch in einem Talkessel der Ilm gelegen, nahm jedoch über Jahrhunderte hinweg nur einen untergeordneten Platz innerhalb des deutschen Salinenwesens ein. Sulza gehörte zu denjenigen kleinen Salinen, in denen seit dem Ausgang des Mittelalters immer wieder „Salzkünstler" ihre Erfindungen ausprobierten. Meist waren diese Leute vorher von den großen Salinen abgewiesen worden. Welcher Landesherr und welche Pfännerschaft wollte schon den gut organisierten Salinenbetrieb von einem unbekannten, zugereisten „Künstler" völlig umstellen lassen? Wie wir heute wissen, handelte es sich in vielen Fällen zudem um Scharlatane, deren Erfindungen die Salzgewinnung nicht verbesserten, sondern verteuerten, wenn nicht gar unmöglich machten. Als der hessische Salzgräfe Johannes RHENANUS 1568 im Auftrage seines Landgrafen eine Anzahl von Salinen besichtigte, traf er in Sulza allerdings einen Fachmann an, der eine wichtige technische Neuerung eingeführt hatte, nämlich die Anreicherung der Sole durch die Strohgradierung.

Von RHENANUS haben wir damit die erste schriftliche Nachricht über diese Anreicherungsmethode, die in den nächsten Jahrzehnten in vielen Salinen eingeführt wurde. Die Saline Sulza nahm jedoch auch in den folgenden Jahrzehnten keinen nennenswerten Aufschwung. Oft konnte die Salzproduktion nur unter gewaltigen Schwierigkeiten aufrechterhalten werden. 1717 bot Herzog FRIEDRICH II. von Gotha die Saline Sulza zum Kauf an, die jahrelang mit Verlust gearbeitet hatte. Trotzdem fand sich bald ein Konsortium privater Unternehmer, das die Saline übernahm. Nun sah der Leipziger Professor Johann Christian LEHMANN, der sich für einen der größten Salinisten hielt und schon vergeblich allerlei unnütze „Salzwerksverbesserungen" feilgeboten hatte, seine Chance und offerierte den neuen Besitzern in Sulza seine Erfindungen. Als auch diese ablehnten, ließ LEHMANN eine umfangreiche Streitschrift drucken, in der er die Sulzaer in rüden Worten angriff. Später betätigte er sich in Altensalz bei Plauen als Salinenbesitzer (BEIERLEIN, 1962). Erst 1752 begann der Aufschwung der Saline Sulza, als Freiherr von BEUST diese erwarb und selbst leitete. In den ersten Jahrzehnten des 19. Jahrhunderts stieg die Produktion auf über 1300 t im Jahr.

Der Eisenbahnanschluß 1861 erlaubte es, von dem teuren Brennholz, das auf der Ilm herbeigeflößt werden mußte, auf billige Braunkohle überzugehen. Entscheidend für die weitere Entwicklung der Saline wurde die Erbohrung konzentrierter Solen durch Tiefbohrungen. Kurz vor der letzten Jahrhundertwende konnte man so auf die schwachen Brunnensolen verzichten und die Produktion auf eine stabile Rohstoffgrundlage stellen. 1904 verließen 5700 t Salz die Siedepfannen. Die Salinentechnik wurde in den folgenden Jahrzehnten ständig verbessert, und noch bis zum 30. September 1967 sotten die Arbeiter des VEB Saline Neusulza Pfannensalz (VBAK).

Der Besucher von Bad Sulza findet heute eine Anzahl von technischen Anlagen aus den letzten 100 Jahren vor, das für das Salinenwesen in der DDR einmalig ist. Eine ausführliche Beschreibung enthält das Buch „*Technische Denkmale in der DDR*“ (Wagenbreth und Wächtler, 1983).

3. Moderne Methoden der Siedesalzproduktion

Im 20. Jahrhundert wurde die Pfannensalztechnologie allmählich durch die Eindampfung der Solen in Vakuum ersetzt, wodurch sich der Brennstoffverbrauch wegen des niedrigeren Siedepunktes auf etwa ein Drittel senken läßt. Versuche mit der Vakuumtechnologie stellte man in einigen Salinen bereits Ende des vergangenen Jahrhunderts an — in der Regel ohne großen Erfolg, wie ein Bericht aus der Saline Schönebeck um 1888 zeigt: „*Die ganze Einrichtung war zu umständlich, häufige Betriebsunterbrechungen unvermeidlich, das sehr feine Salz backte in festen Massen zusammen und war schwer verkäuflich*“ (Göbel et al., 1902).

Erfolgreich arbeitende Vakuumverdampfungsanlagen konnten erst dann errichtet werden, als man erkannt hatte, daß die Calcium- und Sulfationen aus der Sole entfernt werden müssen, um ein Verkrusten der Soleleitungen und Verdampfungsaggregate zu verhindern. In Deutschland gelang das 1901 dem Direktor der Saline Lüneburg, Bergrat O. Sachse.

1910 gab es in Deutschland nur 2 Vakuumsalzanlagen. Diese Tatsache ist eng mit einem besonderen Charakteristikum des deutschen Salinenwesens verbunden. Die Salinisten und die Salinenbeamten nahmen sehr oft die neuen wissenschaftlichen Ergebnisse nicht zur Kenntnis. Wenn der berühmte Salinist des 16./17. Jahrhunderts, Johann Thölde aus Frankenhausen, 1603 schrieb: „*Da Verenderung den leuten schwer eingehet / Auch viel sinn in einen Kopff zu bringen / Weißheit und Kunst bedarff so werden viel ding ohne enderung wol ein zeit noch ersitzen bleiben*“ (Thölde, 1603, S. 39), so gilt diese Aussage — mit Einschränkungen — auch noch für die Salinisten des 19. und frühen 20. Jahrhunderts. Das deutsche Salinenwesen wies über Jahrhunderte überwiegend konservative Züge auf, verglichen mit dem allgemeinen Fortschritt in Wissenschaft und Technik.

So setzte sich bei der Siedesalzproduktion erst nach 1970 die moderne Vakuumtechnologie endgültig durch, wurde erst seit dieser Zeit der erreichte Stand der physikalischen Chemie und der Verfahrenstechnik auf die Produktion des Salzes angewendet.

Wir wissen heute — auch durch umfangreiche eigene Arbeiten — gut über die Verhältnisse in konzentrierten Salzlösungen Bescheid, über die Einflüsse von Fremdbestandteilen in natürlichen und „künstlichen" Solen auf die Kristallisation und das Auflösen von Salzen.

Im folgenden soll auf einige physikalisch-chemische Fragen eingegangen werden, die bei der Natriumchlorid-Kristallisation aus wäßrigen Lösungen eine Rolle spielen.

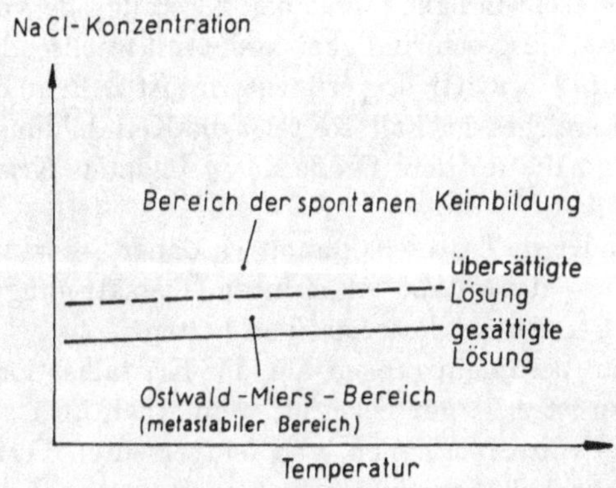

Abb. 16. Abhängigkeit der Übersättigung von der Salzkonzentration

Auf Grund der — im Vergleich mit anderen Salzen — geringen Temperaturabhängigkeit der Löslichkeit des NaCl in Wasser muß dessen Gewinnung durch Verdampfungs- oder durch Vakuumverdampfungskristallisation erfolgen, da der kürzeste Weg von einem Punkt des ungesättigten Gebietes zur Löslichkeitskurve parallel zur Konzentrationsachse verläuft. Nach Einfließen der erhitzten Lösung in den Vakuumteil des Verdampfers entsteht durch sehr schnelle Verdampfung des Lösungsmittels eine übersättigte Lösung. Dabei kommt es darauf an, im metastabilen Bereich zu arbeiten (Abb. 16) und nicht das Gebiet der spontanen Keimbildung zu erreichen. NaCl gehört zu den Salzen, die eine gegebene Übersättigung schnell durch Kristallisation abbauen.

Die Breite des metastabilen Bereiches ist sehr gering. Bei der spontanen Keimbildung resultieren sehr kleine Kristalle oder sogar schlammartige Massen. Solche Kristallisate wirken sich im Kristallisator sehr ungünstig aus und sind außerdem als festes Salz wenig begehrt.

Abbildung 17 zeigt die Abhängigkeit der Keimbildungsgeschwindigkeit, der

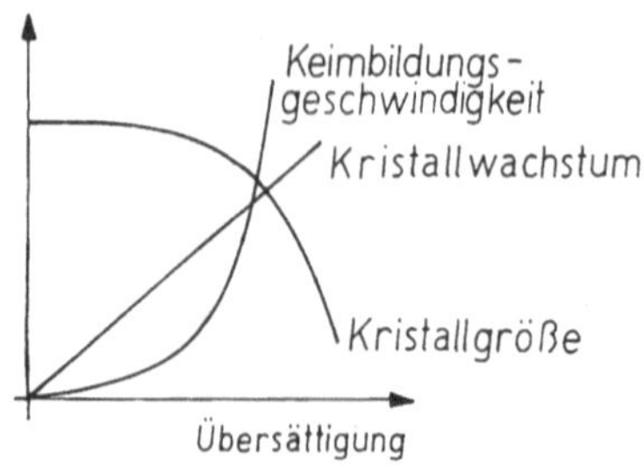

Abb. 17. Einfluß der Übersättigung auf die Kristallgröße

Kristallwachstumsgeschwindigkeit und der Kristallgröße von der Übersättigung. Die Kristallisationsgeschwindigkeit steigt mit wachsender Übersättigung. Wird eine bestimmte Übersättigung erreicht, das ist z. B. an der oberen Grenze des metastabilen Bereiches der Fall, so steigt die Keimbildungsgeschwindigkeit exponentiell an und die mittlere Größe der gebildeten Kristalle nimmt sehr schnell ab.

Bei technischen Kristallisatoren kommt es daher — wenn große Kristalle gewünscht werden — darauf an, bei geringer Übersättigung zu arbeiten bzw. den metastabilen Bereich möglichst groß zu halten.

Der Einfluß von Verunreinigungen auf die Kristallisation von Salzen aus wäßrigen Lösungen ist z. T. gut bekannt, wenn auch über spezifische Fragen der Wirkungsweise von Fremdionen, von feinverteilten Feststoffen oder von höhermolekularen organischen Substanzen noch weitere Untersuchungen erforderlich sind. Prinzipiell reichen unsere bisherigen Kenntnisse aus, um großtechnische Verfahren konzipieren zu können. Erinnert sei in diesem Zusammenhang auch an die bei uns im Kaliwerk Zielitz betriebene Trennung von Halit (NaCl) und Sylvin (KCl) durch Flotation, ein Verfahren, das auf dem unterschiedlichen Adsorptionsverhalten von Kaliumchlorid und Natriumchlorid gegenüber Sammlermolekülen wie n-Alkylammoniumsalzen, n-Alkylsulfaten (KCl-Sammler), Carboxylaten und Alkylphosphaten (NaCl-Sammler) beruht.

Zahlreiche Beispiele aus unseren Arbeiten demonstrieren den Einfluß grenzflächenaktiver Stoffe auf die Geschwindigkeit der Stoffübergangsprozesse bei Kristallisation und Auflösung leichtlöslicher Salze (Autorenkollektiv, 1979).

Organische Substanzen beeinflussen bei der Kristallisation des Natriumchlorids aus wäßrigen Lösungen nicht nur das Kristallwachstum. Auch die Verdunstung des Wassers an der Oberfläche von NaCl-Lösungen wird teilweise beträchtlich vermindert, wenn sich Schichten ausbilden, die den Übergang der H_2O-Moleküle in die Gasphase hemmen. Aus einer großen Zahl von Untersuchungen ist bekannt, daß die Geschwindigkeit molekularer Austauschprozesse durch an der Grenzfläche adsorbierte monomolekulare Schichten, sog. Monolayers, teilweise erheblich herabgesetzt werden kann. Mit Hilfe solcher Erkenntnisse war es uns möglich, die bei der Pfannensalzerzeugung in der Soggephase auftretenden Kristallisationshemmungen bzw. Verdunstungshemmungen zu erklären. Wichtige technische Anwendung haben sie zur gezielten Beeinflussung der Verdunstungsgeschwindigkeit von Salzlösungen gefunden, die in Salzkavernen zur Vorratshaltung von Ölen und Brenngasen gebildet werden (Herz et al., 1982).

Sehr gute Kenntnisse besitzen wir heute auch über die stoffliche Zusammensetzung der Fremdsalze, die bei der Natriumchloridkristallisation aus natürlichen oder künstlichen Solen gebildet werden.

Da in den Mutterlösungen der Kristallisation in mehr oder weniger hoher Konzentration Kalium-, Magnesium- und Sulfationen enthalten sind, bilden sich die entsprechenden festen Salze beispielsweise bei der Trocknung der NaCl-Kristalle aus der an den Kristallen anhaftenden Mutterlösung.

Kennt man die Gehalte an den genannten Ionen, so läßt sich aus der Kristallisationsbahn (Abb. 18) die konkrete Salzzusammensetzung ermitteln. Dabei wird die An- oder Abwesenheit bestimmter Salze — durch Doppelsalzbildung gibt es hier eine Vielzahl von Möglichkeiten — letzten Endes von der Zusammensetzung der Sole bestimmt, wobei bereits kleine Änderungen in der Ausgangs-

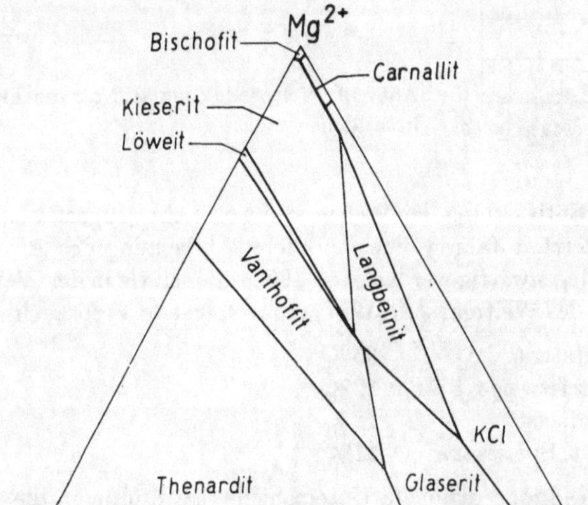

Abb. 18. Jänecke-Diagramm für 110°C

zusammensetzung wesentlich die Zusammensetzung der das NaCl begleitenden Salze variieren können (WALTER, 1985).

Die wenigen genannten Beispiele sollten zeigen, daß wir auf der Grundlage unserer heutigen Kenntnisse sehr gut in der Lage sind, die physikalisch-chemischen Eigenschaften von Salzlösungen zu verstehen und in vielfältiger Weise technisch oder auch medizinisch zu nutzen.

Welche Bedeutung hat nun die Produktion des Natriumchlorids heute und in der Zukunft?

Das Natriumchlorid gehört nach wie vor zu den entscheidenden Rohstoffen. Eindrucksvoll zeigte sich das insbesondere in den Vorträgen der beiden letzten Welt-Salz-Symposien 1978 in Hamburg (BRD) und 1983 in Toronto (Kanada).

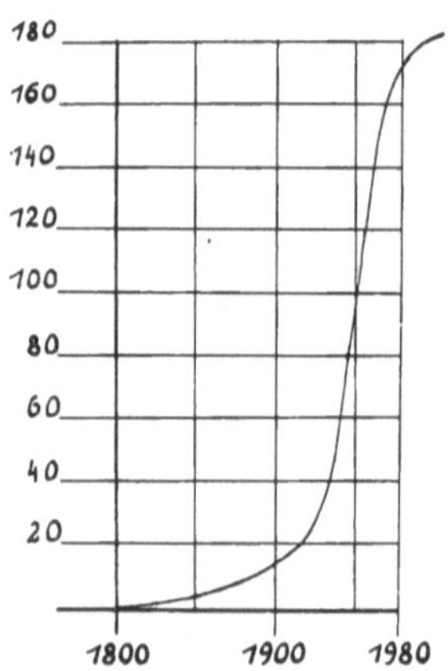

Abb. 19. Weltproduktion an Natriumchlorid in Millionen t

Die rasche Entwicklung der Weltproduktion (Abb. 19) setzt sich fort, wenn auch in den letzten Jahren eine merkliche Abflachung des Anstiegs zu verzeichnen ist. Gegenwärtig werden etwa 180 Millionen t/a in der Welt produziert. Eine Analyse des Weltmarktes (1981) ergab folgende Verbrauchsstruktur:

Chemische Industrie	65%
Andere Industriezweige	12%
Straßenwinterdienst	12%
Landwirtschaft, Speisesalz	11%

Dabei gibt es große regionale Unterschiede, so resultieren die 12% für den Straßenwinterdienst aus dem außerordentlich hohen Verbrauch in den USA, und die Durchschnittszahl 11% für das Speisesalz bringt nicht zum Ausdruck, daß in den Entwicklungsländern wesentlich mehr Salz für die Ernährung verbraucht wird und nur relativ wenig für industrielle Zwecke.

Gegenwärtig wird das Salz nach drei Methoden produziert:

1. Durch bergmännischen Abbau (wobei Salz hoher Reinheit wie in den norddeutschen Lagerstätten der DDR und der BRD teilweise nach Mahlung und Klassierung direkt verwendet werden kann, während das sogenannte Haselgebirge der alpinen Salzlagerstätten in Bayern und Österreich zunächst in Wasser gelöst und zu Siedesalz verarbeitet werden muß),
2. Meeressalzgewinnung,
3. Produktion von Siedesalz, wobei die Sole heute meist aus der gelenkten Solung über Bohrlöcher stammt.

Vor allem bei der Meeressalzgewinnung und bei der Produktion von Siedesalz sind gegenwärtig einige interessante neue Trends in der internationalen Entwicklung zu verzeichnen. In den großen neu errichteten Anlagen, z. B. an der mexikanischen Ostküste und der australischen Westküste, wird das Meeressalz mit modernen Großaggregaten „geerntet"

In einigen Meeressalinen versucht man, eine bessere Ausnutzung der Sonnenenergie durch Abdeckungen und durch computergesteuerte Anlagen zu erreichen.

Die in den 70er Jahren in Japan entwickelte Technologie der Konzentrierung des Meerwassers durch Elektrodialyse und anschließende thermische Eindampfung ist in den letzten Jahren weitergeführt worden.

Die Elektrodialysezelle besteht aus einem Kathodenraum, einem großen Mittelraum und einem Anodenraum. Der Mittelraum ist durch im Wechsel angeordnete Anionen- und Kationenaustauschermembranen in eine Vielzahl einzelner Kammern unterteilt. In diese Kammern wird kontinuierlich Meerwasser eingespeist. Unter der Wirkung des elektrischen Feldes wandern die Kationen in Richtung Kathode und passieren dabei eine Kationenaustauschermembran. Eine weitere Bewegung der Kationen wird durch die nun folgende Anionenaustauschermembran, die nur für Anionen durchlässig ist, verhindert. Analog können auch die Anionen nur bis in die benachbarte Kammer gelangen, damit kann aus jeder zweiten Kammer eine konzentrierte Salzlösung abgezogen werden.

Die Elektrodialysezellen, die man als moderne Gradierwerke bezeichnen könnte, sind nach Art einer Filterpresse aufgebaut und enthalten bis zu 2000 Kationen- und ebensoviele Anionenaustauschermembranen pro Zelle.

Die aktive Austauschfläche beträgt $1 \cdots 1{,}4\ m^2$, der Abstand zwischen 2 Membranen nur 0,75 mm. Neue Entwicklungen sind insbesondere auf dem Membransektor zu verzeichnen. Es gelingt gegenwärtig, aus Meerwasser (rund 30 g/l) NaCl-Lösungen mit über 220 g/l herzustellen. Die Ionenaustauschermembranen sind bisher z. T. über 5 Jahre im Einsatz und werden zweimal jährlich gereinigt.

Diese Technologie, bis Ende der 70er Jahre auf Japan beschränkt, hat sich in den letzten Jahren weiter verbreitet, wie 1983 auf dem 6. Welt-Salz-Symposium deutlich wurde. Ein Export kompletter Anlagen nach Taiwan und Südkorea ist realisiert, nach Saudi-Arabien vorgesehen. Die saudi-arabische Anlage soll NaCl-Lösung für die Alkalichloridelektrolyse liefern und dem Aufbau eines auf dem Chlor basierenden Zweiges der chemischen Industrie ermöglichen. In Japan werden gegenwärtig 18% des benötigten NaCl, das sind 1,3 Mill. t/a, durch die Elektrodialyse erzeugt. Hauptfrage für den Einsatz der Elektrodialyse sind die Kosten für die elektrische Energie.

In der Siedesalzproduktion, insbesondere in Westeuropa, geht die Entwicklung immer mehr zu sehr großen Produktionseinheiten. Die Zahl der Siedesalz produzierenden Betriebe nimmt daher auch zur Zeit noch ab — 1920 gab es in Europa 150 Salzproduzenten — gegenwärtig sind es weniger als 25.

Die Verdampfung der konzentrierten Solen unter vermindertem Druck wird gegenwärtig auf zwei Wegen realisiert, entweder durch Mehrfacheffektschaltung einzelner Vakuumkristallisatoren oder durch die Thermokompressionsverdampfung.

Bei der Mehrfacheffektschaltung werden mehrere Verdampfer dampfseitig hintereinander geschaltet. Die optimale Stufenzahl liegt im allgemeinen bei 3 bis 5. Die Siedetemperatur wird in jeder Verdampferstufe zur Erzielung eines Wärmegefälles von 12 bis 20 K herabgesetzt. Nur der erste Verdampfungsapparat wird mit Frischdampf gespeist.

Die nachfolgenden Verdampfer erhalten den aus den vorgeschalteten Verdampfern austretenden Brüdendampf. Der Brüdendampf der letzten Stufe wird in einem Mischkondensator niedergeschlagen. Der aus den Verdampfern abgezogene Salzbrei gelangt in ein Sammelgefäß. Die anhaftende Mutterlauge wird mit Zentrifugen abgeschleudert, das Feuchtsalz schließlich in Trommel- oder Fließbetttrocknern getrocknet.

Bei der Thermokompressionsverdampfung wird der aus der siedenden Sole entweichende Dampf abgesaugt, durch Kompression auf ein höheres Druckniveau gebracht und dem Verdampfer als Heizdampf wieder zugeführt. Durch eine kleine Menge Zusatzdampf wird der in sich geschlossene Wärmefluß von außen ergänzt.

Der Einsatz eines der beiden Verfahren richtet sich vor allem nach dem Preis der Elektroenergie. Bei Verfügbarkeit billiger Elektroenergie, wie in der Schweiz oder in Österreich, bevorzugt man die Thermokompression. Es werden auch kombinierte Anlagen betrieben.

Neue Salinen wurden in den letzten Jahren in Europa vor allem in der BRD und in Österreich errichtet.

Seit 1970 arbeitet die Saline Stade an der Unterelbe der Norddeutschen Salinen GmbH mit einer Kapazität von 370000 t Siedesalz im Jahr.

Auch die Bayrische Berg-, Hütten- und Salzwerke AG betreibt in Bad Reichenhall eine moderne Großsaline, die eine Kombination von Mehrfachvakuum- und Thermokompressionsverfahren darstellt.

Seit dem 1. Juli 1979 produziert die von 1977 bis 1979 auf „freiem Feld" errichtete Saline Ebensee-Steinkogel der Österreichischen Salinen AG jährlich 400000 t Siedesalz. Dieser Neubau wurde notwendig, weil das traditionelle Salz-Land Österreich 1977 bis 1979 nicht unbeträchtliche Mengen Salz importieren mußte.

Die großen Mengen an sehr reinem Siedesalz, die derzeit auf dem Weltmarkt angeboten werden, erlauben den Einsatz dieser Salzqualität auch in großem Maßstab für industrielle Zwecke, beispielsweise für die Alkalichloridelektrolyse, wo durch die Verwendung neuer Elektrodensysteme bedingt zunehmend höhere Reinheiten gefordert werden. Daß dies ökonomische Vorteile bringt, zeigt eine Berechnung aus den 70er Jahren, die in der Grundaussage noch heute gilt (Tab. 4).

Andererseits — das wurde besonders auf dem 6. Welt-Salz-Symposium in Toronto (Kanada) im Oktober 1983 deutlich — sind die hohen angebotenen Reinheiten nicht immer von den Anforderungen der Verbraucher bestimmt, sondern dienen der Verkaufswerbung und der Erzielung höherer Gewinne. Die Vorträge in Toronto, die sich mit dem Salzmarkt und den Tendenzen des Einsatzes von Natriumchlorid beschäftigten, waren zum Teil geprägt von den Verkaufsinteressen der salzherstellenden Konzerne, die Inhalte nicht immer objektiv aussagefähig.

Interessante Entwicklungslinien, die deutlich wurden, sind der weiter zunehmende Einsatz von NaCl zur Regenerierung der in Geschirrspülautomaten und Waschmaschinen eingesetzten Ionenaustauscher. In den USA und in Kanada werden dafür jährlich über 2 Millionen t NaCl verbraucht. In den Ländern der „dritten Welt" — auch das wurde auf dem Salz-Symposium sichtbar

Tabelle 4

Reinigungskosten für 3 typische Salzqualitäten (van der Stegen, 1978)

	Vakuumsiedesalz	Steinsalz I	Steinsalz II
SO_4^{-2}	400 ppm	2500 ppm	13000 ppm
Ca^{2+}	12 ppm	2500 ppm	3000 ppm
Mg^{2+}	1 ppm	100 ppm	400 ppm
Kosten für Totalfällung in DM/t Salz	1,25	13,50	33,60
Kosten ohne Sulfatfällung in DM/t Salz	0,90	12,00	26,30

— steigt der Anteil des von der chemischen Industrie verbrauchten Salzes ständig an.

Wie in den vergangenen Jahrhunderten, so erfordert auch heute und in Zukunft die Siedesalz-Technologie wissenschaftliche und technische Forschungs- und Entwicklungsarbeiten, um zu sichern, daß der unentbehrliche Rohstoff Natriumchlorid ständig in ausreichender Menge und in der erforderlichen Qualität zur Verfügung steht. Viele Erzeugnisse, die unser heutiges Leben ermöglichen oder es zumindest angenehmer machen, sind letzten Endes ohne Salz nicht vorstellbar, oder um mit PLINIUS zu sprechen, der bereits vor über 1900 Jahren erkannt hatte, daß die Sonne und das Salz unentbehrlich für uns sind: „*Totis corporibus nihil esse utilius sale et sole.*"

Literatur

Autorenkollektiv: „*Beiträge zur Massenkristallisation leichtlöslicher Salze*". Leipzig: VEB Deutscher Verlag für Grundstoffindustrie 1979 (Freiberger Forsch.-H. A 600)

BEIERLEIN, P. R.: „*Neues über die ältere Geschichte der Salzquellen zu Altensalz*". Berlin: Akademie-Verlag 1962 (Freiberger Forsch.-H. D 39)

BESSLER, O.: „*Etwas von den Soolquellen bey Erdeborn*". In: „*Aus dem Mansfelder Seengebiete*" (Hrsg.: F. WÖHLBIER). Eisleben: Ed. Winkler Verlag 1933, S. 118

BUSCHMAN, I. O.: „*Das Salz*". Leipzig: W. Engelmann, 1909

CARLÉ, W.: Die Geschichte der altwürttembergischen Saline zu Sulz am Neckar, die Herkunft ihrer Solen und die Salinentechnik. Zeitschr. f. Württemberg. Landesgeschichte **22** (1963), 91

CARLÉ, W.: Die Salinistenfamilie Glenck. Lebensbilder aus Schwaben und Franken **11** (1969), 118

CARLÉ, W.: Joachim Friedrich Freiherr von Beust — ein berühmter Salinist des 18. Jahrhunderts. Zeitschr. f. Württemberg. Landesgeschichte **31** (1972), 278

DENTON, D.: „*The Hunger for Salt*". Berlin—Heidelberg—New York: Springer-Verlag 1982

„*Deutsches Bäderbuch*". Leipzig: J. J. Weber Verlag 1907

Über den Betrieb der Saline 1873—1880. Manuskript, Kreisheimatmuseum Bad Frankenhausen o. J. (Sign. IV-34)

EMONS, H.-H., und H.-H. WALTER: „*Mit dem Salz durch die Jahrtausende*". Leipzig: VEB Deutscher Verlag für Grundstoffindustrie. 2. Aufl., 1986

FRANKENHÄUSER SALZWERKS-LEXIKON. Handschrift, um 1753. Original im Staatsarchiv Rudolstadt, Abschrift im Kreisheimatmuseum Bad Frankenhausen (Sign. IV-81 K 14)

FÜRER, F. A.: „*Salzbergbau und Salinenkunde*". Braunschweig: Verlag Friedrich Vieweg & Sohn 1900

FÜRSEN, O.: „*Geschichte des kursächsischen Salzwesens bis 1586*". Leipzig: Verlag Duncker & Humblot 1897

GLENK, J. W.: „*Beschreibung des Salzwerks Friederichs-Hall bey Lindenau im Herzogthum Hildburghausen.*“ In: „*Sammlung praktischer Bemerkungen und einzelner zerstreuter Abhandlungen für Freunde der Salzwerkskunde*“ (Hrsg.: K. C. und J. W. LANGSDORF), 2. Band. Altenburg: Richterriche Buchhandlung 1788, S. 301

GÖBEL, FRICKE und SCHULTE: „*Das Königliche Solbad zu Elmen*“. Leipzig 1902

GOULETQUER, P.-L. und D. KLEINMANN: Die Salinen des Mangalandes und ihre Bedeutung für die Erforschung der prähistorischen Briquetagestätten Europas. Mitt. Anthropolog. Gesellsch. in Wien **108** (1978), 41

HEINE, L. J.: Chemische Untersuchung der Soolen, Salze, Gradir- und Siede-Abfälle von sämtlichen Salinen der Preussischen Provinz Sachsen. Archiv f. Mineralogie, Geognosie, Bergbau u. Hüttenkunde **19** (1845), 3

HERZ, D., D. HAMANN, H.-J. PETRICK, H. K. ELBESHAUSEN und H. K. CAMMENGA: Krustenbildung auf Oberflächen kristallisierender Salzsolen und ihre Beeinflussung durch Tenside. Berichte Bunsengesellsch. f Phys. Chem. **86** (1982), 1069

KAISER, E.: Das alte Salzwerk Lindenau unter der Fränkischen Leuchte. Manuskript, o.O., o.J.

KRÜNITZ, J. G.: „*Ökonomisch-technologische Encyklopädie*“, Band 134. Berlin: Paulische Buchhandlung 1823

LIEBIG, J.: Analyse des Bitterwassers von Friedrichshall bei Hildburghausen im Herzogthum Sachsen-Meiningen. Annalen der Chemie und Pharmacie **63** (1847), 127

MARSCHALL, O., B. SCHMIDT, H. LOHMEIER: „*Vor Jahrtausenden im Mansfelder Land*“. Hrsg.: Museen der Lutherstadt Eisleben 1980, S. 53

PFLAUMBAUM, L.: Beziehungen zwischen Mensch und Wald im Kyffhäuser — ein Beitrag zu seiner Waldgeschichte bis 1800. Veröffentlichungen des Kreisheimatmuseums Bad Frankenhausen **6** (1980), 39

RACH, A.: „*Geschichte der Salzunger Saline*“. Bad Salzungen: L. Scheermessers Hofbuchhandlung 1935

RHENANUS, J.: New Saltzbuch. Handschrift 1567—1585. 4. Appendix. Zitiert nach der Urschrift im Oberbergamt Clausthal-Zellerfeld (Sign. IV E 2 Nr. 12)

RIEHM, K.: Die Formsalzproduktion der vorgeschichtlichen Salzsiedestätten Europas. Jahresschrift f. Mitteldeutsche Vorgeschichte **44** (1960), 180

SÜSS, L.: „*Die frühmittelalterliche Saline von Bad Nauheim*“. Frankfurt am Main: Verlag W. Kramer 1978 (Materialien zur Vor- und Frühgeschichte von Hessen, Band 3)

THÖLDE, J.: „*Haligraphia*“. Eisleben: Jacob Apel 1603

TRAMPEL, I. W. C.: „*Beytrag zur Verbesserung der Salzwerke*“. Zweytes Heft. Göttingen: I. C. Dietrich, 1794

VAN DER STEGEN, J. H. G.: Principles and Economics of Salt Production and Processing. In: Proceedings 5. Symposium on Salt, Hamburg 1978, Vol. 2, Cleveland, Ohio 1980, S. 519—528

VBAK: Vereinigtes Betriebsarchiv der Kaliindustrie, Sondershausen

WAGENBRETH, O. und E. WÄCHTLER: „*Technische Denkmale in der DDR*“. Leipzig: VEB Deutscher Verlag für Grundstoffindustrie 1983

WALTER, H.-H.: Zur Entwicklung der Siedesalzgewinnung in Deutschland von 1500 bis 1900 unter besonderer Berücksichtigung chemisch-technologischer Probleme. Bergakademie Freiberg: Dissertation B, 1985

Walter, H.-H.: „*2000 Jahre Salzproduktion am Kyffhäuser*'. Veröffentlichungen des Kreisheimatmuseums Bad Frankenhausen **10**, 1985

Wirth, H.: „*Die Sulzaer Saline*". Schriften der Hochschule für Architektur und Bauwesen Weimar, Heft 31 (1984)

Band 114

Heft 1 Prof. Dr. HASSO ESSBACH, Morphologisches zur orthologischen und pathologischen Differenzierung und zum Anpassungs- und Abwehrvermögen der menschlichen Placenta
1980. 19 Seiten – 12 Abbildungen – 8° – M 4,–

Heft 2 Prof. Dr. med. WERNER RIES, Risikofaktoren des Alterns aus klinischer Sicht
1980. 19 Seiten – 9 Abbildungen, davon 1 Abbildung auf Tafel – 8° – M 4,–

Heft 3 Prof. Dr. OTT-HEINRICH KELLER, Anschaulichkeit und Eleganz beim Alexanderschen Dualitätssatz
1980. 19 Seiten – 8° – M 4,–

Heft 4 Prof. Dr. rer. nat. BENNO PARTHIER, Die cytologische Symbiose am Beispiel der Biogenese von Zellorganellen 1981. 29 Seiten – 16 Abbildungen – 2 Tabellen – 8° – M 6,–

Heft 5 Prof. Dr. F. WOLF / Dr. S. ECKERT / Dr. M. WEISE / Dr. S. LINDAU, Untersuchungen zur Synthese und Anwendung bipolarer Ionenaustauschharze 1980. 12 Seiten – 6 Tabellen – 8° – M 2,–

Heft 6 Prof. Dr. med. HERBERT JORDAN, Balneobioklimatologie – Eine Zielstellung im Mensch-Umwelt-Konzept 1981. 25 Seiten – 8 Abbildungen – 1 Tabelle – 8° – M 4,–

Band 115

Heft 1 Prof. Dr. rer. nat. HERMANN BERG, Wilhelm Ostwald – Erkenntnisse über die Biosphäre
1981. 36 Seiten – 7 Abbildungen – 3 Tabellen – 8° – M 6,–

Heft 2 Prof. Dr. sc. KLAUS DÖRTER, Aphorismen zur Qualität des Bewässerungswassers
1981. 31 Seiten – 11 Abbildungen – 11 Tabellen – 8° – M 6,–

Heft 3 Prof. Dr.-Ing. Dr. h. c. PAUL GÖRLICH, Die geschichtliche Entwicklung des wissenschaftlichen Gerätebaus und seine zukünftige Bedeutung 1981. 36 Seiten – 8° – M 6,–

Heft 4 Prof. Dr. WOLFGANG BUCHHEIM, Albert Einstein als Wegbereiter nachklassischer Physik
1981. 29 Seiten – 8° – M 4,–

Heft 5 Prof. Dr.-Ing. HERBERT KRUG, Die Technologie der Brikettierung von Weichbraunkohle im Lichte der Verfahrenstechnik und der besseren Nutzung dieses Energieträgers
1982. 20 Seiten – 13 Abbildungen – 8° – M 3,–

Heft 6 Prof. Dr. ERNST NEEF, Der Verlust der Anschaulichkeit in der Geographie und das Problem der Kulturlandschaft 1981. 34 Seiten – 8° – M 5,–

Band 116

Heft 1 Prof. Dr. WERNER RIES, Studium zum biologischen Alter
1982. 27 Seiten – 10 Abbildungen – 8° – M 4,–

Heft 2 Prof. Dr. RUDOLF SACHSENWEGER, Augenunabhängige optosensorische Wahrnehmungsformen
1983. 19 Seiten – 8° – M 4,–

Heft 3 Prof. Dr. HANS-GEORG SCHÖPF, Die Griechen und die Natur 1983. 62 Seiten – 8° – M 8,–

Heft 4 Prof. Dr.-Ing. JÁN BENETIN, Mathematisches Modell für das Wachstum von landwirtschaftlichen Kulturen und seine Verwertung in der quantitativen Beurteilung des Bewässerungseffektes auf die Steigerung der Ernteerträge 1983. 36 Seiten – 18 Abbildungen – 3 Tabellen – 8° – M 6,–

Heft 5 Prof. Dr. HANS DRISCHEL †, Neues über die Pupille
1983. 30 Seiten – 26 Abbildungen – 8° – M 4,–

Heft 6 Prof. Dr. BENNO PARTHIER, Der Beitrag der Molekularbiologie zur Evolutionserkenntnis
1983. 41 Seiten – 19 Abbildungen – 2 Tabellen – 8° – M 6,–

Heft 7 Prof. Dr. ADOLF WATZNAUER, Die Rolle des Radons (Isotop ^{222}Rn) als Umweltfaktor – eine Übersicht
1983. 34 Seiten – 3 Abbildungen – 4 Tabellen – M 5,–

Band 117

Heft 1 Prof. Dr. sc. KLAUS DÖRTER, Einige Aspekte zum landeskulturellen Nutzen des Meliorationswesens
1984. 31 Seiten – 10 Abbildungen – 11 Tabellen – 8° – M 8,–

Heft 2 Prof. Dr. HERBERT BECKERT, Nichtlineare Elastizitätstheorie 1984. 58 Seiten – 8° – M 8,–

Heft 3 Prof. Dr. HERBERT JORDAN, Zur funktionellen Normalität des Menschen
1984. 29 Seiten – 15 Abbildungen – 1 Tabelle – 8° – M 4,–

Heft 4 Dr. Arnd Bernhardt / Klaus-Dieter Jäger / Karl Mannsfeld / Inge Hartsch, Beiträge zum Problemkreis des Landschaftswandels
1985. 101 Seiten – 3 Abbildungen – 3 Tabellen – 3 Übersichten – 8° – M 14,–

Heft 5 Prof. Dr. Ott-Heinrich Keller, Das Zählen als angeborene Verhaltensweise
1984. 36 Seiten – 11 Abbildungen – 8° – M 6,–

Heft 6 Prof. Dr. Wolfgang Buchheim, Komplementarität nach Niels Bohr – physikgeschichtliche Episode oder universale Kategorie von Ergänzung? 1984. 30 Seiten – 3 Tabellen – 8° – M 4,–

Heft 7 Prof. Dr. Benno Parthier, Gene, Gentechnik, Genmanipulation
1984. 28 Seiten – 7 Abbildungen – 8° – M 4,–

Band 118

Heft 1 Prof. Dr. Hans Jürgen Rösler, Geowissenschaften und Geochemie
1985. 25 Seiten – 11 Abbildungen – 8° – M 4,–

Heft 2 Prof. Dr. Herbert Beckert, Axiomatik – Mathematik und Erfahrung
1985. 19 Seiten – 8° – M 3,–

Heft 3 Prof. Dr. Hermann Berg, Zellfusion, Transformation und Pharmakainkorporation durch Elektrostimulation 1985. 27 Seiten – 15 Abbildungen – 8° – M 4,–

Heft 4 Prof. Dr. N. Joachim Lehmann, Die analytische Maschine, Grundlagen einer Computer-Analytik
1985. 64 Seiten – 5 Abbildungen – 8° – M 8,–

Heft 5 Prof. Dr. Dietrich Uhlmann, Die anthropogene Eutrophierung der Gewässer – Ein umkehrbarer Prozeß? 1985. 32 Seiten – 16 Abbildungen – 8° – M 4,–

Heft 6 Prof. Dr. Friedrich Wolf, Dr. Magdalene Weise, Der Sirotherm-Prozeß – Ein Verfahren zur rationellen Wasserentsalzung 1986. 31 Seiten – 12 Abbildungen – 7 Tabellen – 8° – M 4,–

Heft 7 Prof. Dr. Herbert Jordan, Prof. Dr. Wolfgang Buchheim, Modellversuche zum Vervoreffekt nach V. VOUK unter biophysikalischen Gesichtspunkten *In Vorbereitung*

Band 119

Heft 1 Prof. Dr. Werner Ries, Methoden und Erkenntnisse der Alternsforschung *In Vorbereitung*

Heft 2 Prof. Dr. Heinz Penzlin, Die Erscheinung des Lebendigen in unserer Welt *In Vorbereitung*

Heft 3 Prof. Dr. Hans-Heinz Emons, Dr. sc. phil. Dr. rer. nat. Hans-Henning Walter, Historische Entwicklung und zukünftige Tendenzen der Siedesalz-Produktion unter besonderer Berücksichtigung der ehemaligen Salinen im sächsisch-thüringischen Raum *Vorliegendes Heft*

Einzel- oder Fortsetzungsbestellungen durch eine Buchhandlung erbeten

Sitzungsberichte bis Band 108
durch das Zentralantiquariat der Deutschen Demokratischen Republik, Leipzig,
ab Band 109 durch die Universitätsbuchhandlung, 7010 Leipzig, zum Teil noch lieferbar

AKADEMIE-VERLAG

DDR-1086 Berlin, Leipziger Straße 3–4

ISBN 3-05-500098-6
ISSN 0371-327X

FSC
www.fsc.org
MIX
Papier | Fördert gute Waldnutzung
FSC® C083411

Zeitfracht Medien GmbH
Ferdinand-Jühlke-Straße 7
99095 Erfurt, Deutschland
produktsicherheit@kolibri360.de